152 コンクリートライブラリー

混和材を大量に使用したコンクリート構造物の設計・施工指針（案）

土 木 学 会

Concrete Library 152

Recommendations for Design and Construction of Concrete Structures Containing High-volume Mineral Admixtures

September, 2018

Japan Society of Civil Engineers

はじめに

　コンクリートは日々の暮らしと社会経済活動を支える様々なインフラの整備に欠かすことができない基幹材料であるが，残念なことに「自然」や「環境」とは相容れないもの，と認識されることも少なくない．現実には産業副産物・廃棄物がセメント製造の原材料や燃料等として多量に利用されており，そのリサイクル率は多くの工業材料の中で群を抜いている．我が国でセメントを1トン製造する際には副産物や廃棄物が450kg以上も使われているなど，コンクリートの環境への寄与は実は非常に大きい．一方，コンクリートの製造時に高炉スラグ微粉末やフライアッシュ等の産業副産物・廃棄物を混和材や混合セメントの材料として有効活用することは古くから行われてきたが，このような活用方法の利点としては CO_2 排出量を削減できることが挙げられる．2000年にいわゆる「グリーン購入法」が公布されたことにより混合セメントのシェアは増加したが，産業副産物・廃棄物の混和材としての使用量をさらに増やして CO_2 排出量を削減する方策として，JIS で規定された置換率以上に混和材を用いることが提案され，検討が行われている．

　このような背景のもとで，土木学会コンクリート委員会は平成28年4月に株式会社安藤・間，株式会社大林組，鹿島建設株式会社，大成建設株式会社，電源開発株式会社，戸田建設株式会社，西松建設株式会社，前田建設工業株式会社，三井住友建設株式会社，BASF ジャパン株式会社，株式会社フローリック，鐵鋼スラグ協会からの委託を受け，委員会内に「混和材を大量に使用したコンクリート構造物の設計・施工研究小委員会」を設置し，混和材を質量比70%以上で大量に使用したコンクリートの特徴を踏まえた設計・施工指針（案）を作成するための調査研究を行うこととした．

　このコンクリートは JIS やコンクリート標準示方書で対象としている一般のコンクリートと何ら変わらない特性もあるが，混和材を大量に使用することにより一般のコンクリートよりも優れている点，あるいは逆に設計，施工上で留意が必要な点も存在する．これまでの研究成果や実施工の実績を踏まえ，本指針（案）では混和材を大量に用いたコンクリートの特徴を取りまとめた上で，設計および照査の方法，配合設計の方法，製造と施工の留意事項等を取りまとめたものである．欧州規格ではここで対象とするような高い混和材置換率のセメントが存在するのに対し，我が国ではこの範囲の置換率のコンクリートの検討の歴史は浅く，解明すべき課題も残っているのが現状である．この指針（案）の発刊を発端として実施工への適用実績が増加することにより，このコンクリートへの理解が深化することを期待したい．

　末筆ながら，本指針（案）の作成にあたりご尽力いただいた「混和材を大量に使用したコンクリート構造物の設計・施工研究小委員会」の石田哲也委員長をはじめ，渡辺博志副委員長，小林孝一幹事長，幹事各位，委員各位に深く感謝申し上げる次第である．

　平成30年9月

土木学会コンクリート委員会

委員長　前川宏一

序

　土木学会コンクリート委員会では，ゼネコン等 8 社，化学混和剤メーカー2 社，および鐵鋼スラグ協会の委託を受け，「混和材を大量に使用したコンクリート構造物の設計・施工研究小委員会」を設置し，高炉スラグ微粉末，フライアッシュ，シリカフューム等の混和材によって，セメントの70%以上（質量比）を置換したコンクリートの設計および施工に関する調査研究活動を 2 年間行ってきた．混和材を大量に使用するコンクリートは，本州四国連絡橋のアンカレッジ建設時にマスコン対策として使用された実績があるが，一般のコンクリート構造物にまで広く普及するには至っていない．しかし，低発熱性や塩害抵抗性，低品質骨材や産業副産物の有効利用の観点から有望なものであり，適用の拡大が望まれる状況にある．

　そのような背景を踏まえ，本研究小委員会では，混和材を大量に使用したコンクリートを対象として，設計 WG および施工 WG の二つの作業部会を設置し，設計・照査や製造・施工において検討すべき項目について調査研究を行ってきた．土木研究所がゼネコン等との共同研究により 2016 年 1 月にまとめた「低炭素型セメント結合材を用いたコンクリート構造物の設計・施工ガイドライン（案）」の成果も活用し，既に大手ゼネコンが開発あるいは実用化している各種の混和材高置換コンクリートをすべて包含しつつ，全体のアンブレラとなるようなガイドラインを目指したものである．また，指針（案）の作成にあたって，その根拠となる情報や具体例を，読者の益となるよう資料編にまとめている．

　本指針（案）が対象とするコンクリートには，普通コンクリートや JIS に適合する混合セメントを用いたコンクリートと相違する点が幾つかあり，特に配慮が必要な留意事項がある．例えば，粉体量の増加による粘性の上昇と，それによるワーカビリティー等の変化，強度発現性状の相違，中性化や凍害への抵抗性の変化などである．本小委員会では，2017 年制定の最新のコンクリート標準示方書（設計編，施工編）に準拠して，従来の設計式や計算式，施工手順等がそのまま適用できるかどうかを個別に検討し，混和材を大量に使用したコンクリートに対するガイドラインとしてまとめた．ただし，耐久性に関わる部分など，長期計測データの分析と検証が必要な部分も未だあるため，今後の研究による知見の体系化が望まれる．

　おわりに，渡辺博志副委員長，小林孝一幹事長，佐伯竜彦幹事（設計 WG 主査），加藤佳孝幹事（施工 WG 主査），ならびに委員各位の調査研究活動およびライブラリー執筆に対する献身的な貢献に，心より御礼申し上げたい．本指針（案）が広く適用されることによって，環境負荷低減および資源の有効活用と，コンクリート構造物の耐久性向上の両者が達成されることを望みたい．

　平成 30 年 9 月

　　　　　　　　　　　混和材を大量に使用したコンクリート構造物の設計・施工研究小委員会

　　　　　　　　　　　　　　　　委員長　　石田哲也

土木学会　コンクリート委員会　委員構成

（平成 29 年度・30 年度）

顧　問　石橋　忠良　　魚本　建人　　阪田　憲次　　丸山　久一

委員長　前川　宏一

幹事長　小林　孝一

△綾野　克紀	○石田　哲也	○井上　晋	○岩城　一郎	○岩波　光保	○上田　多門
○宇治　公隆	○氏家　勲	○内田　裕市	○梅原　秀哲	梅村　靖弘	遠藤　孝夫
○大内　雅博	大津　政康	大即　信明	岡本　享久	春日　昭夫	△加藤　佳孝
金子　雄一	○鎌田　敏郎	○河合　研至	○河野　広隆	○岸　利治	木村　嘉富
△齊藤　成彦	○佐伯　竜彦	○坂井　悦郎	△坂田　昇	佐藤　勉	○佐藤　靖彦
○下村　匠	須田久美子	○武若　耕司	○田中　敏嗣	○谷村　幸裕	○土谷　正
○津吉　毅	手塚　正道	土橋　浩	鳥居　和之	○中村　光	△名倉　健二
○二羽淳一郎	○橋本　親典	服部　篤史	○濵田　秀則	原田　修輔	原田　哲夫
○久田　真	○平田　隆祥	福手　勤	○松田　浩	○松村　卓郎	○丸屋　剛
三島　徹也	○水口　和之	○宮川　豊章	○睦好　宏史	○森　拓也	○森川　英典
○山路　徹	○横田　弘	吉川　弘道	六郷　恵哲	渡辺　忠朋	渡邉　弘子
○渡辺　博志					

（五十音順，敬称略）

○：常任委員会委員

△：常任委員会委員兼幹事

土木学会　コンクリート委員会　委員構成

(平成 27 年度・28 年度)

顧　問　石橋　忠良　　魚本　建人　　阪田　憲次　　丸山　久一

委員長　前川　宏一

幹事長　石田　哲也

△綾野　克紀	○井上　　晋	岩城　一郎	△岩波　光保	○上田　多門	○宇治　公隆
○氏家　　勲	○内田　裕市	○梅原　秀哲	梅村　靖弘	遠藤　孝夫	大津　政康
大即　信明	岡本　享久	春日　昭夫	金子　雄一	○鎌田　敏郎	○河合　研至
○河野　広隆	○岸　利治	木村　嘉富	△小林　孝一	△齊藤　成彦	○佐伯　竜彦
○坂井　悦郎	○坂田　　昇	佐藤　　勉	○佐藤　靖彦	○島　　弘	○下村　　匠
○鈴木　基行	須田久美子	○竹田　宣典	○武若　耕司	○田中　敏嗣	○谷村　幸裕
○土谷　　正	○津吉　　毅	手塚　正道	土橋　　浩	鳥居　和之	○中村　　光
△名倉　健二	○二羽淳一郎	○橋本　親典	服部　篤史	○濱田　秀則	原田　修輔
原田　哲夫	△久田　　真	福手　　勤	○松田　　浩	○松村　卓郎	○丸屋　　剛
三島　徹也	○水口　和之	○宮川　豊章	○睦好　宏史	○森　　拓也	○森川　英典
○横田　　弘	吉川　弘道	六郷　恵哲	渡辺　忠朋	渡邉　弘子	○渡辺　博志

旧委員　伊藤　康司
　　　　添田　政司
　　　　松田　隆

(五十音順，敬称略)
○：常任委員会委員
△：常任委員会委員兼幹事

土木学会　コンクリート委員会

混和材を大量に使用したコンクリート構造物の設計・施工
研究小委員会　委員構成

委員長　　　石田 哲也　　（東京大学）
副委員長　　渡辺 博志　　（(国研) 土木研究所）
幹事長　　　小林 孝一　　（岐阜大学）

幹　事

加藤 佳孝　（東京理科大学）　　　　　　　　佐伯 竜彦　　（新潟大学）

委　員

上田 隆雄　（徳島大学）　　　　　　　　　中村 英佑　　（(国研) 土木研究所）
上田　洋　　（(公財) 鉄道総合技術研究所）　日比野 誠　　（九州工業大学）
小川 由布子（広島大学）　　　　　　　　　広瀬　剛　　　（(株) 高速道路総合技術研究所）
上東　泰　　（中日本高速道路 (株)）　　　　藤井 隆史　　（岡山大学）
岸　利治　　（東京大学）　　　　　　　　　山本 武志　　（(一財) 電力中央研究所）
佐川 康貴　（九州大学）　　　　　　　　　吉田　行　　　（(国研) 土木研究所）

委託側委員

石川 嘉崇　（電源開発 (株)）　　　　　　　　　白根 勇二　　（前田建設工業 (株)）
石田 知子　（(株) 大林組）　　　　　　　　　　田中　徹　　　（戸田建設 (株)）
因幡 芳樹　（(株) フローリック）　　　　　　　谷口 秀明　　（三井住友建設 (株)）
太田 健司　（前田建設工業(株)）（平成 29 年 4 月〜）檀　康弘　　（鐵鋼スラグ協会）
大脇 英司　（大成建設 (株)）　　　　　　　　　土谷　正　　　（BASF ジャパン (株)）
片野 啓三郎（(株) 大林組）（平成 29 年 4 月〜）　土師 康一　　（戸田建設 (株)）
齋藤　淳　　（(株) 安藤・間）　　　　　　　　林　大介　　　（鹿島建設 (株)）
佐々木 亘　（三井住友建設 (株)）　　　　　　　林　俊斉　　　（(株) 安藤・間）（平成 29 年 4 月〜）
佐藤 幸三　（西松建設 (株)）　　　　　　　　　宮原 茂禎　　（大成建設 (株)）
椎名 貴快　（西松建設 (株)）　　　　　　　　　室野井 敏之（鹿島建設 (株)）（〜平成 29 年 3 月）

（五十音順，敬称略）

コンクリートライブラリー 152

混和材を大量に使用したコンクリート構造物の 設計・施工指針（案）

目　次

1章　総　　則 1

　1.1　適用の範囲 1

　1.2　用語の定義 4

2章　混和材を大量に使用したコンクリートの特性 6

　2.1　一　　般 6

　2.2　ワーカビリティーと強度発現性 6

　　2.2.1　充　填　性 7

　　2.2.2　圧　送　性 9

　　2.2.3　凝結特性 10

　2.3　強　　度 10

　2.4　コンクリートの劣化に対する抵抗性 11

　2.5　物質の透過に対する抵抗性 12

　2.6　ひび割れ抵抗性 15

　2.7　環境負荷低減効果 16

3章　設計と照査 19

　3.1　一　　般 19

　3.2　強度，応力-ひずみ曲線，ヤング係数，ポアソン比 20

　3.3　収縮，クリープ 21

　3.4　鋼材腐食に対する照査 22

　　3.4.1　一　　般 22

　　3.4.2　中性化と水の浸透に伴う鋼材腐食に対する照査 23

　　3.4.3　塩害環境下における鋼材腐食に対する照査 27

　　3.4.4　中性化と塩化物イオンの侵入の複合に伴う鋼材腐食に対する照査 29

　3.5　凍害に対する照査 30

　3.6　温度ひび割れに対する照査 33

4章　材　　料 36

　4.1　一　　般 36

　4.2　セメント 37

　4.3　練混ぜ水 37

　4.4　混　和　材 37

　4.5　化学混和剤 38

(1)

5章　配合設計 ………………………………………………………………………… 39

　5.1　一　　般 …………………………………………………………………………… 39

　5.2　配合設計の手順 …………………………………………………………………… 39

　5.3　混和材を大量に使用したコンクリートの特性値の確認 ……………………… 40

　5.4　混和材を大量に使用したコンクリートのワーカビリティー ………………… 41

　5.5　配合条件の設定 …………………………………………………………………… 41

　　5.5.1　一　　般 ………………………………………………………………………… 41

　　5.5.2　結合材の種類および構成割合 ……………………………………………… 42

　　5.5.3　水結合材比 …………………………………………………………………… 42

　　5.5.4　スランプ ……………………………………………………………………… 43

　5.6　暫定配合の設定 …………………………………………………………………… 45

　　5.6.1　単位水量 ……………………………………………………………………… 45

　　5.6.2　単位粉体量 …………………………………………………………………… 46

　　5.6.3　化学混和剤の選定および使用量 …………………………………………… 46

　5.7　試し練り …………………………………………………………………………… 47

　5.8　配合の表し方 ……………………………………………………………………… 48

6章　製造および施工 …………………………………………………………………… 49

　6.1　一　　般 …………………………………………………………………………… 49

　6.2　製造設備 …………………………………………………………………………… 49

　6.3　計　　量 …………………………………………………………………………… 50

　6.4　練 混 ぜ …………………………………………………………………………… 50

　6.5　運　　搬 …………………………………………………………………………… 51

　6.6　打込みおよび締固め ……………………………………………………………… 51

　6.7　仕 上 げ …………………………………………………………………………… 52

　6.8　養　　生 …………………………………………………………………………… 52

　6.9　型枠および支保工の取外し ……………………………………………………… 53

7章　品質管理 …………………………………………………………………………… 54

　7.1　一　　般 …………………………………………………………………………… 54

8章　記　　録 …………………………………………………………………………… 56

　8.1　一　　般 …………………………………………………………………………… 56

資 料 編

1章　混和材を大量に使用したコンクリートの特徴．．．．．．．．．．．．．．．．．．．．．．．．．．．．．．．．．．．．．57
　1.1　指針（案）作成の背景．．．57
　1.2　共同研究報告書の概要．．．59
　　1.2.1　共同研究報告書について．．．59
　　1.2.2　共通暴露試験．．60
　1.3　材料と配合．．．63
　1.4　フレッシュ性状．．．68
　　1.4.1　スランプ，空気量．．68
　　1.4.2　凝結特性．．70
　　1.4.3　圧送性．．．71
　1.5　養生および脱型．．73
　　1.5.1　湿潤養生期間．．．73
　　1.5.2　脱型．．77
　1.6　強度特性．．．79
　　1.6.1　圧縮強度．．．79
　　1.6.2　引張強度．．．79
　　1.6.3　ヤング係数．．．80
　　1.6.4　ポアソン比．．．80
　1.7　劣化抵抗性．．．81
　　1.7.1　凍害に対する抵抗性．．81
　　1.7.2　アルカリシリカ反応に対する抵抗性．．．．．．．．．．．．．．．．．．．．．．．．．．．．．．．．．．83
　　1.7.3　その他の劣化に対する抵抗性．．．．．．．．．．．．．．．．．．．．．．．．．．．．．．．．．．．．．．83
　1.8　物質の透過に対する抵抗性．．86
　　1.8.1　中性化に対する抵抗性．．86
　　1.8.2　塩害に対する抵抗性．．．90
　　1.8.3　中性化と塩化物イオンの侵入の複合作用に対する抵抗性．．．．．．．．．．．．．．．．93
　1.9　ひび割れ抵抗性．．．95
　　1.9.1　自己収縮．．．95
　　1.9.2　乾燥収縮．．97
　　1.9.3　クリープ．．．99
　　1.9.4　温度収縮．．．100
　1.10　環境負荷低減効果．．104

2章　混和材を大量に使用したコンクリートの事例．．．．．．．．．．．．．．．．．．．．．．．．．．．．．．．．．．107
　2.1　鋼材腐食に対する照査の事例．．．107
　　2.1.1　中性化と水の浸透に伴う鋼材腐食に対する照査．．．．．．．．．．．．．．．．．．．．．．．107
　　2.1.2　塩害環境下における鋼材腐食に対する照査．．．．．．．．．．．．．．．．．．．．．．．．．．109
　　2.1.3　中性化と塩化物イオンの侵入の複合に伴う鋼材腐食に対する照査．．．．．．．112
　2.2　凍害に対する照査の事例．．113
　2.3　温度ひび割れに対する照査の事例．．．．．．．．．．．．．．．．．．．．．．．．．．．．．．．．．．．．．．114
　2.4　製造および施工の事例．．．120
　2.5　公開資料等一覧．．135

(3)

混和材を大量に使用したコンクリート構造物の

設計・施工指針（案）

1章 総　則

1.1　適用の範囲

（1）本指針（案）は，混和材を大量に使用したコンクリート構造物の設計と施工について，標準を示すものである．本指針（案）に示されていない事項は，土木学会「コンクリート標準示方書」によるものとする．

（2）混和材を大量に使用したコンクリートとは，セメントと混和材の合量に対する混和材の分量が質量比で70%以上であり，かつ，混和材の50%以上が高炉スラグ微粉末であるものをいう．

【解　説】　（1）について　本指針（案）は，混和材を大量に使用したコンクリートを用いた構造物の設計と施工について，2017年制定コンクリート標準示方書に従うことを前提に，コンクリートの特性，設計と照査，材料，配合設計，製造および施工の標準を具体的に示したものである．

　混和材を大量に使用したコンクリートの設計と施工に関する標準は，主に資料編に示す知見に基づいて定めた．これらの知見の多くは，国立研究開発法人土木研究所と8機関が共同で実施した「低炭素型セメント結合材の利用技術に関する研究」（2011～15年度）の成果であり，「低炭素型セメント結合材の利用技術に関する共同研究報告書（Ⅰ～Ⅶ）」として公開されているものである（詳細は資料編を参照．以後，「共同研究報告書」と記す）．本指針（案）は，この成果に最新の知見を追加し，2017年制定コンクリート標準示方書に従って，混和材を大量に使用したコンクリートの土木構造物への適用を進められるように構成した．

　混和材を大量に使用したコンクリートは，一般的な新設の土木構造物のコンクリート工事に適用する設計基準強度が50N/mm²未満，打込みの最小スランプが16cm以下のAEコンクリート（以下，一般のコンクリートと称す）と類似の特性を有するが，相違点や留意点もある．特に，混和材として高炉スラグ微粉末やフライアッシュなど反応性を有する結合材を使用すると，塩化物イオンの侵入抵抗性および低発熱性に優れ，環境負荷の低減効果が期待できる点に特徴がある．一方，中性化抵抗性はやや劣る場合があり留意を要する．これらの特性の詳細と照査の方法を2章「混和材を大量に使用したコンクリートの特性」と3章「設計と照査」に示した．これらを鑑みると，地中の構造物や，海水あるいは塩化物イオンを含む地下水が作用する構造物，またはマスコンクリート構造物に用いると，このコンクリートの特性を活かすことができる．

　本指針（案）に従うことによって，混和材を大量に使用したコンクリートは，JIS A 5308:2014「レディーミクストコンクリート」に示された方法で製造することができる．また，2017年制定コンクリート標準示方書［施工編：施工標準］に記載された標準的な方法で施工することができる．これらの詳細は6章「製造および施工」に示した．本指針（案）は，混和材を大量に使用したコンクリートを鉄筋コンクリートあるいは無筋コンクリート構造に場所打ちコンクリートとして適用することを前提にまとめているが，プレキャストコンクリートやコンクリート製品として使用すること，プレストレストコンクリートとして使用することを妨げるものではない．

　また，混和材を大量に使用したコンクリートの製造と施工の各段階における品質管理，検査，ならびに記録は，一般のコンクリートと同様に2017年制定コンクリート標準示方書に従って行うことができる．詳細を

それぞれ7章「品質管理」，8章「記録」に示した．なお，混和材を大量に使用したコンクリートに環境負荷低減効果を期待する場合には，効果の評価にあたって使用材料の種類や量，運搬経路や製造，施工過程の把握が必要となるため，正確な記録を残すことが重要である．

　（2）について　混和材を大量に使用したコンクリートは一般のコンクリートと同様に，セメント，混和材料，練混ぜ水，骨材からなる．セメントを用いる場合は普通または早強ポルトランドセメントの使用を標準とする．ポルトランドセメントの少量混合成分は，その成分と混合率が正確に把握できないことがあるため，クリンカーとして扱う．混和材は，JIS A 5308:2014「レディーミクストコンクリート」に混和材料として明示される高炉スラグ微粉末，フライアッシュ，シリカフューム，膨張材と，当該規格には明示されないその他の混和材のうち，1～数種類を用いることを標準とする．その他の混和材には，せっこう，消石灰，石灰石微粉末などがある．せっこうは高炉スラグ微粉末に添加されている場合もあり，製造者へのヒアリングなどにより添加率が明確に把握できる場合は，せっこうは高炉スラグ微粉末と区別して扱う．また，セメントのほか，混和材料のうち混和材に分類され，かつ，水との反応生成物がコンクリートの強度発現に寄与する材料は結合材として取り扱う．混和材を大量に使用したコンクリートに用いる材料の分類を**解説 図1.1.1**に示し，使用材料の詳細を4章「材料」に示した．

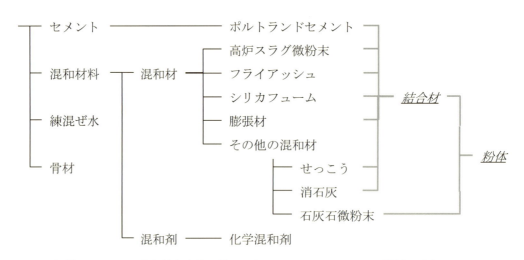

解説 図1.1.1　混和材を大量に使用したコンクリートに用いる材料の分類

　本指針（案）では，セメントと混和材の合量に対する混和材の分量が70質量%以上であるコンクリートを「混和材を大量に使用したコンクリート」とした．セメントと混和材の合量に対するポルトランドセメントの分量は30質量%以下であり，JISに規定されるセメントのうち，最もポルトランドセメント（またはクリンカー）の分量が少ないJIS R 5211:2009「高炉セメント」のC種を単独で用いた場合よりポルトランドセメントの分量を少なくできる．混和材の構成については，「共同研究報告書」等からこれまでに得られている知見に鑑み，混和材のうち質量の50%以上が高炉スラグ微粉末であるコンクリートを本指針（案）の標準とした．すなわち，高炉スラグ微粉末は，セメントと混和材の合量に対して質量比で35%以上含まれる．混和材を大量に使用したコンクリートのセメントと混和材の構成の標準を**解説 図1.1.2**に示す．図には本指針（案）の検討に用いたセメントと混和材の構成例を記し，その具体例を**解説 表1.1.1**に掲載した．配合設計の詳細は5章「配合設計」に示した．

1章 総則

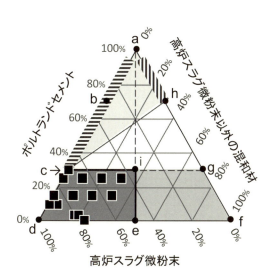

解説 図 1.1.2 混和材を大量に使用したコンクリートのセメントと混和材の構成の標準

※：コンクリートライブラリー151「高炉スラグ微粉末を用いたコンクリートの設計・施工指針」

解説 表 1.1.1 混和材を大量に使用したコンクリートのセメントと混和材の構成例

（単位：質量%）

分類	粉体							
^	結合材							
^	セメント		混和材					
^	^		JIS A 5308:2014 に明示される混和材				その他の混和材		
JIS※	あり		あり				あり	なし	あり
名称仕様	ポルトランドセメント		高炉スラグ微粉末	フライアッシュ	シリカフューム	膨張材	せっこう	消石灰	石灰石微粉末
配合	普通	早強	4000	II種					
1	30		70						
2		30							
3	25		75						
4			65	10					
5			55	20					
6	25			30					
7			45	25	5				
8						5			
9	15		85						
10			75	10					
11				20					
12			65	17.5	2.5				
13				15	5				
14			55	30					
15	10		90						
16		10							
17			85		5				
18		4	79.9		7.2				8.9
19			77.2		6.9		3.3		8.6
20			77.2		6.9		3.3		7.3

※：各材料に対応するJISについて，その「適用の範囲」にコンクリート，モルタルあるいはセメントが対象であることが記載されたJISの有無を示す．

混和材を大量に使用したコンクリートにおけるセメントと混和材の範囲は，**解説 図 1.1.2** の台形 cdei の範囲である．混合セメントである JIS R 5211:2009「高炉セメント」，JIS R 5212:2009「シリカセメント」，JIS R 5213:2009「フライアッシュセメント」，あるいはそれらの任意の割合の混合物は三角形 ach の範囲である．また，高炉スラグ微粉末を用いたコンクリートについて，コンクリートライブラリー151「高炉スラグ微粉末を用いたコンクリートの設計・施工指針」では，ポルトランドセメントの 30〜70%を高炉スラグ微粉末で置換したものを原則として対象としている（図中，組成線 bc）．本指針（案）の対象とする範囲とは組成点 c を除いてこれらと一致せず，混和材を大量に使用したコンクリートのセメントと混和材の構成は既存の規準類に示されるものとは異なることが分かる．一方，海外では，本指針（案）のセメントと混和材の構成に相当する混合セメントが既に規格化されている．例えば，欧州規格 EN197-1:2000 "Cement‐Part 1: Composition, specifications and conformity criteria for common cements" では，高炉スラグ微粉末を用いた CEM III: Blastfurnace cement や高炉スラグ微粉末とシリカ質混和材を用いた CEM V: Composite cement が相当する（**解説 図 1.1.3** 参照）．

なお，水硬性セメントと反応機構の異なるジオポリマー（Geopolymer）や，高炉スラグ微粉末やフライアッシュにアルカリ金属（ナトリウムやカリウムなど）の水酸化物，炭酸塩またはけい酸塩を加えて固化させるアルカリ活性材料（Alkali activated materials）は，本指針（案）の対象としない．

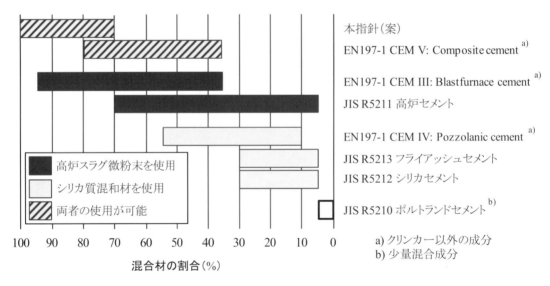

解説 図 1.1.3　セメントと混和材の構成に関する本指針（案）と他の規格との比較

1.2　用語の定義

本指針（案）では次のように用語を定義する．

粉体：コンクリート材料のうち，セメントおよびセメントと同程度またはそれ以上の粉末度を持つ固体の総称．

結合材：粉体の内，水と反応し，コンクリートの強度発現に寄与する物質を生成するものの総称で，セメント，高炉スラグ微粉末，フライアッシュ等．

1章　総則　　　　5

> **混和材料**：セメント，水，骨材以外の材料で，コンクリート等に特別の性質を与えるために，打込みを行う前までに必要に応じて加える材料．
>
> **混和材**：混和材料の中で，使用量が比較的多く，それ自体の容積がコンクリートの練上がり容積に算入されるもの．
>
> **混合材**：混合セメントに使用する原材料のうち，ポルトランドセメント，クリンカー，少量混合成分，せっこう，粉砕助剤以外のものをいう．例えば，高炉セメントでは高炉スラグが該当する．
>
> **一般のコンクリート**：一般的な新設の土木構造物のコンクリート工事に適用する設計基準強度が50N/mm² 未満，打込みの最小スランプが 16cm 以下の AE コンクリート．

【解　説】　　一般のコンクリートについて　定義にある「一般的な新設の土木構造物のコンクリート工事」とは，2017 年制定コンクリート標準示方書［施工編：施工標準］で対象とする標準的な施工方法（**解説 表 1. 2. 1** 参照）による工事である．

解説 表 1. 2. 1　2017 年制定コンクリート標準示方書［施工編：施工標準］で対象とする標準的な施工方法

作業区分	項目		標準
運搬	現場までの運搬方法		トラックアジテータ
	現場内での運搬方法		コンクリートポンプ
打込み	自由落下高さ（吐出口から打込み面までの高さ）		1.5m 以内
	一層当りの打込み高さ		40～50cm
	許容打重ね時間間隔	外気温 25℃以下の場合	2.5 時間
		外気温 25℃を超える場合	2.0 時間
締固め	締固め方法		棒状バイブレータ
	挿入間隔		50cm 程度
	挿入深さ		下層のコンクリートに 10cm 程度
	一箇所当りの振動時間		5～15 秒

2章　混和材を大量に使用したコンクリートの特性

2.1　一　　般

（1）混和材を大量に使用したコンクリートは，その特徴を踏まえて適切に用いなければならない．

（2）混和材を大量に使用したコンクリートは，品質のばらつきが少なく，施工の各作業に適したワーカビリティーと強度発現性を有するとともに，硬化後は設計で定めた均質性，所要の強度，劣化に対する抵抗性等を有し，環境負荷低減効果に配慮したものでなければならない．

【解　説】　（1）および（2）について　混和材を大量に使用したコンクリートの特性として，混和材の使用量に応じた影響を考慮することで把握できるものと，そもそも一般のコンクリートとは大きく異なる特性を有する場合がある．一般のコンクリートの特性から大きく違わない場合は，一般のコンクリートの知見を活用し評価することができるが，大きく異なる場合には十分な配慮や検討が必要である．したがって，構造物に要求される性能を明らかにし，このコンクリートの特徴をよく踏まえた上で，長所を活用し，短所が構造物に悪影響を与えないように留意して適用することが重要である．

　この章の次節以降では，一般的にコンクリートに求められる基本的特性，および，混和材を大量に使用することで達成可能な特性，さらには混和材を大量に使用した際に設計・施工上の配慮を要する特性，すなわち，ワーカビリティーと強度特性，充填性，圧送性，凝結特性，強度，コンクリートの劣化に対する抵抗性，物質の透過に対する抵抗性，ひび割れ抵抗性，環境負荷低減効果について述べる．なお，それらの根拠となる情報を巻末の資料編に掲載した．

　混和材を大量に使用したコンクリートでは以上の項目に加え，硬化体の均質性の確保についても留意する必要がある．コンクリートが充填されてから凝結するまでの期間において，材料分離やブリーディングが大きいと，硬化コンクリートの品質の部位によるばらつきが大きくなる．混和材を大量に使用したコンクリートでは，使用する材料や配合によっては，一般のコンクリートに比べてブリーディング量（率）が大きくなる場合があり，設計で意図した構造物の性能を達成できなくなる可能性がある．したがって，使用するコンクリートは，運搬，打込み，締固め，仕上げ等の作業後も，硬化体の均質性が損なわれないように過度な材料分離が生じないようにしなければならない．

2.2　ワーカビリティーと強度発現性

（1）混和材を大量に使用したコンクリートは，施工条件，構造条件，環境条件に応じて，その運搬，打込み，締固めおよび仕上げ等の作業に適するワーカビリティーを有していなければならない．

（2）混和材を大量に使用したコンクリートは，施工の各段階で必要となる強度発現性を有していなければならない．

2章　混和材を大量に使用したコンクリートの特性　　　7

【解　説】　　（1）について　所要の性能を有するコンクリート構造物を構築するためには，コンクリートの運搬，打込み，締固めや仕上げ等の作業が適切に行われる必要がある．これらの作業には，フレッシュコンクリートの品質および凝結特性が大きな影響を及ぼすため，混和材を大量に使用したコンクリートは，運搬，打込み，締固め，仕上げ等のこれらの作業に適するワーカビリティーを有している必要がある．

　本指針（案）で取り扱う混和材を大量に使用したコンクリートは，2017年制定コンクリート標準示方書［施工編：施工標準］で対象とする標準的な施工方法によって施工することを想定している．しかし，混和材を大量に使用したコンクリートの配合は，コンクリート標準示方書［施工編：施工標準］が想定しているものとは異なるため，一般のコンクリートと異なる特性も存在する．特に，所要の強度を得るために，一般のコンクリートに比べて水結合材比を小さくする必要があり，単位粉体量が多くなる場合もあるため，充填性や圧送性に配慮することが重要で，施工条件および施工方法を考慮し，打込みの最小スランプ，荷卸しのスランプおよび練上がりの目標スランプを適切に設定する必要がある．また，混和材を大量に使用したコンクリートは結合材中のポルトランドセメントの量が少なく，凝結が遅れる傾向にあるため，凝結特性についても配慮した施工が必要となる．

　したがって，以下，混和材を大量に使用したコンクリートを施工する上で特に重要な充填性，圧送性，凝結特性を取り上げて記述する．

　（2）について　施工の途中段階の強度の確認が必要になる例として，型枠および支保工の取外し等がある．このような場合には，打込み温度，環境温度等の影響を考慮して，強度発現性を確認する必要がある．混和材を大量に使用したコンクリートの強度発現性は，施工の速度にも影響する重要な要素であり，混和材の種類や置換率，養生条件等の影響を大きく受ける．一般に，混和材を大量に使用したコンクリートの強度は，混和材の置換率を高くすると，水結合材比が同程度の一般のコンクリートよりも初期材齢では低くなるが，長期的には高くなる傾向が多くみられる．初期材齢における強度を改善するための方法のひとつとして，例えば，結合材中のセメントに早強ポルトランドセメントを使用することがある．また，混和材を大量に使用したコンクリートは，練上がり温度および養生温度が低温の場合には，一般のコンクリートと比較して強度発現が遅くなるため，養生等に特別の配慮が必要となる．さらに，混和材を大量に使用したコンクリートの強度発現は初期材齢での乾湿の影響を受けやすく，湿潤養生期間が不十分で初期に乾燥作用を受けると強度が発現しにくくなるため，十分な湿潤養生期間を確保することが特に重要である．混和材を大量に使用したコンクリートの養生に関する事項は6.8を，型枠および支保工の取外しに関する事項は6.9をそれぞれ参照するとよい．

2.2.1　充　填　性

（1）混和材を大量に使用したコンクリートの充填性は，構造物の種類，部材の種類および大きさ，鋼材量や鋼材の最小あき等の配筋条件とともに，打込みや締固めの作業方法等を考慮して，これらの作業に差し支えのない範囲内で適切に定める．

（2）混和材を大量に使用したコンクリートの充填性は，コンクリートの流動性と材料分離抵抗性に基づいて定める．

（3）混和材を大量に使用したコンクリートの流動性は打込みの最小スランプを，材料分離抵抗性は単位

粉体量を適切に設定することによって確保する.

【解　説】　（1）について　混和材を大量に使用したコンクリートに要求される充填性とは，打ち込んだコンクリートが，振動締固めを通じて材料分離することなく鉄筋間を円滑に通過し，かぶり部や隅角部等に密実に充填できる特性である．種々の施工条件を考慮して適切な充填性を設定する必要がある.

　（2）について　2017 年制定コンクリート標準示方書［施工編：施工標準］では，**解説 図 2.2.1Ⓐ**に示すように，コンクリートの適切な充填性は流動性と材料分離抵抗性の相互のバランスによって定まるものとしている．また，流動性と材料分離抵抗性は，単位水量と単位結合材量あるいは単位粉体量との関係はもとより，使用するセメントや混和材の種類，細骨材および粗骨材の粒度や粒形，化学混和剤の種類などの影響を受けるが，実務面での利便性を考慮して，流動性をスランプで表し，材料分離抵抗性は単位粉体量の大小を指標とすることを標準としている．混和材を大量に使用したコンクリートの充填性も基本的には 2017 年制定コンクリート標準示方書［施工編：施工標準］と同様に考えてよい．ただし，配合によっては，**解説 図 2.2.1Ⓑ**に示すように，一般のコンクリートと同一のスランプ，同一強度では材料分離抵抗性が大きく，スランプが小さい範囲では流動性が小さくなる場合もある.

　（3）について　コンクリートを確実に充填するためには，打込み時に必要なスランプを確保しておく必要がある．そのため，充填性を確保するための流動性は，「打込みの最小スランプ」を基準とする．混和材を大量に使用したコンクリートの打込みの最小スランプは，基本的には一般のコンクリートと同様に，2017 年制定コンクリート標準示方書［施工編：施工標準］4.5.2 を参考に定めるとよい．**解説 図 2.2.1Ⓑ**に示した特性を示すコンクリートの場合，スランプが小さい範囲では，一般のコンクリートと比較して流動性が小さくなるとともに，バイブレータ等による振動の伝播範囲が小さくなるため，締固めの効果が小さくなり，締固め不足やそれによる未充填部を生じることが懸念される．一般のコンクリートでは，材料や配合を見直しすることで充填性を改善することが可能であるが，混和材を大量に使用することを前提としたコンクリートは，水結合材比が小さいため，材料や配合の見直しの余地が小さい場合がある．スランプが小さい範囲で流動性が小さくなるような場合には，単位粉体量が多く材料分離抵抗性が大きくなることを考慮して，材料分離抵抗性を損なわない範囲で 2017 年制定コンクリート標準示方書［施工編：施工標準］4.5.2 に示す打込みの最小スランプの目安よりも大きいスランプを設定する等の対応が考えられる.

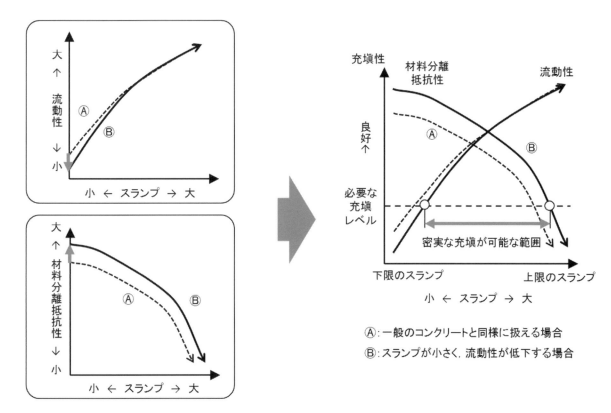

解説 図 2.2.1　混和材を大量に使用したコンクリートの充填性の概念図
（一般のコンクリートと同様に扱う場合と流動性が小さく，材料分離抵抗性が大きくなる場合）

2.2.2　圧 送 性

　コンクリートポンプを用いる場合には，混和材を大量に使用したコンクリートは，圧送作業に適する充填性と適度な材料分離抵抗性を有していなければならない．

【解　説】　一般のコンクリートの圧送性は流動性と材料分離抵抗性から決まるため，配管内で閉塞を生じないように，圧送に適切なスランプと単位粉体量等を設定することが基本となる．圧送時のスランプ管理は打込み時のスランプ管理とは別に，荷卸し箇所のスランプで管理するのが一般的である．混和材を大量に使用したコンクリートの圧送性についても同様に考えてよい．

　圧送による現場内運搬を行うとスランプの低下が大きくなる場合があるので，適切なワーカビリティーを有し，打込みに必要な充填性を確保できるように，圧送にともなうスランプの低下を適切に見込んだ配合を選定する必要がある．圧送にともなうスランプの低下量は，一般のコンクリートと同様に考えることができるので，2017 年制定コンクリート標準示方書［施工編：施工標準］4.5.2 の表 4.5.6 等を参考にして設定するのがよい．

　輸送管内での閉塞を生じない場合，圧送性は，一般的に吐出量と管内圧力損失との関係で示すことができ，所要量のコンクリートを効率よく運搬できるか否かの指標とされている．両者の関係は 2017 年制定コンクリート標準示方書［施工編：施工標準］7.3.2 に示されているが，混和材を大量に使用したコンクリートは水結合材比が小さく，単位粉体量が多くなるため，フレッシュコンクリートの粘性が高く，一般のコンクリ

ートに比べて圧送負荷が増大し，圧送性が低下することがある．そのため，必要に応じて試験などにより圧送性を確認し，圧送に適した能力を有するポンプの種類，耐圧力を有する輸送管の種類，輸送管の径等を選定する必要がある．また，単位粉体量が多く材料分離抵抗性が大きいことを考慮して，充填性を満足する範囲で荷卸し箇所のスランプを大きくして管内圧力損失を低減させることで，圧送性を改善する等の対応が考えられる．コンクリートの圧送計画に際しては，コンクリートライブラリー135「コンクリートのポンプ施工指針［2012年版］」も参照するとよい．

2.2.3 凝結特性

混和材を大量に使用したコンクリートの凝結特性は，打重ね，仕上げ等の作業に適するものでなければならない．

【解　説】　凝結特性は，コンクリートの許容打重ね時間間隔，仕上げ時期，型枠に作用する側圧等と関連する．混和材を大量に使用したコンクリートは単位粉体量が多いため一般のコンクリートよりもブリーディング量は少ないが，結合材中のポルトランドセメントの量が少ないため凝結の始発や終結が遅くなる傾向にある．凝結特性は，打込み時期や打込み温度等により変化するため，特に寒中コンクリート等では必要に応じて試験などを行い，凝結時間やブリーディング量を確認し，コンクリートの許容打重ね時間間隔や仕上げ時期などを決定することが望ましい．

2.3 強　　度

混和材を大量に使用したコンクリートの強度は，所定の材齢において，設計基準強度を，指定された以上の確率で下回ってはならない．

【解　説】　コンクリート構造物は，設計で考慮した供用時の作用に対して十分な安全性を保持していなければならない．そのためには，混和材を大量に使用したコンクリートは，その構造物の設計で定めた設計基準強度を満足するものでなければならない．

混和材を大量に使用したコンクリートが湿潤状態で適切に養生されている場合には，その強度は材齢の進行とともに増加する．また，混和材を大量に使用したコンクリートの強度発現は，混和材の種類や置換率によって異なるが，混和材の種類および置換率ならびに水結合材比を適切に選定することによって，その圧縮強度は材齢28日において一般の構造物で要求される圧縮強度以上となる．これらのことを考慮して，混和材を大量に使用したコンクリートの強度は，一般には，標準養生を行った供試体の材齢28日における試験値で表してよい．ただし，比較的早期に荷重が作用する構造物の場合には，28日より早い材齢における供試体の強度を基準とする必要があるが，コンクリートの打込み後かなり長い期間を経過した後に荷重を受ける場合には，28日より長い材齢における供試体の強度を基準としてもよい．これにより混和材の置換率を高めることが可能となり，混和材を大量に使用したコンクリートを積極的に適用できることがある．なお，混和材を大量に使用したコンクリートにおいても，結合材水比と圧縮強度は線形関係にあることが確認されている．

2.4 コンクリートの劣化に対する抵抗性

　混和材を大量に使用したコンクリートは，構造物の供用期間中に受ける種々の物理的，化学的作用による，凍害，化学的侵食，アルカリシリカ反応等による劣化に対して十分な抵抗性を有していなければならない．

【解　説】　コンクリート構造物が供用期間中に所要の性能を発揮するためには，コンクリートの劣化に対する抵抗性および物質の透過に対する抵抗性が必要となる．コンクリートの劣化に対する抵抗性はコンクリートの経年劣化に対する抵抗性であり，使用材料および配合，さらには施工の良否によって定まる．また，コンクリートの劣化速度は，環境作用にも左右される．コンクリートの劣化機構には，凍害，化学的侵食，アルカリシリカ反応等がある．

　<u>凍害について</u>　混和材を大量に使用したコンクリートの耐凍害性は，混和材の種類や置換率により異なり，JIS A 5308:2014「レディーミクストコンクリート」で標準の目標値である空気量4.5%程度では，水結合材比を35%と小さくした場合でも，凍結融解作用に対して十分な抵抗性が得られない場合がある．このため，厳しい凍結融解作用を受ける構造物に適用する場合には，6%程度の空気量とするのがよい．なお，結合材によってはAE剤の空気連行性が低下する場合があるため，微細で安定した良質な空気の確保が可能となるAE剤を適切に選定する必要がある．

　<u>化学的侵食について</u>　化学的侵食を受けるコンクリートの最大水セメント比は，2017年制定コンクリート標準示方書［設計編：標準］2編3.2.2によれば，環境条件によって50%あるいは45%と定められている．混和材を大量に使用したコンクリートの水結合材比は，一般にこれより小さいため，これを満足する．また，化学的侵食に対する抵抗性が実績や研究成果により確かめられた場合には，その特性を積極的に活用するとよい．

　<u>アルカリシリカ反応について</u>　一般に，供用期間中にアルカリシリカ反応が有害なレベルに達しないようにするには，①コンクリートのアルカリ総量の抑制，②アルカリシリカ反応抑制効果を持つ混合セメントB種の使用，および③アルカリシリカ反応性試験で区分A「無害」と判定される骨材の使用，のいずれかを採用するが，混和材を大量に使用したコンクリートは②の混合セメントの割合を超えて混和材が混和されているため，一般のコンクリートに比べてアルカリシリカ反応に対する抵抗性は高い．

　<u>その他</u>　ポルトランドセメントの使用量を極端に少なくし，高炉スラグ微粉末を結合材とした場合に，コンクリートの劣化に対する抵抗性を阻害する可能性がある要因として，アブサンデン現象が報告されている．アブサンデン現象とは時間の経過に伴ってコンクリート表面のペーストやモルタル層が徐々に脆弱化して剥落し，粗骨材が露出する劣化現象である．アブサンデン現象の発生原因は詳細には明らかにされていないが，表層の中性化や降雨によるアルカリの溶出などにより結合材の結合力が失われるためと推察される。アブサンデン現象は，高炉スラグ微粉末－せっこう－ポルトランドセメント系の結合材を用いたコンクリートのうち，ポルトランドセメントの割合が10%未満のコンクリート[1]や，炭酸ナトリウムと高炉スラグ微粉末を結合材としたコンクリート[2]において発生が報告されている。いずれもポルトランドセメントをほとんど使用しない配合でありながら十分な圧縮強度が得られるコンクリートであり，アブサンデン現象は強度が十分であっても発生する場合がある．混和材を大量に使用したコンクリートの一部については資料編に示すように，

最長3年間の暴露試験を通してアブサンデン現象を生じないことが確認されている．これらのコンクリートは，アブサンデン現象は発生しないものとして検討を必要としないものとするが，暴露期間が3年間に限られるため，試験の継続による信頼性の向上が望まれる．

2.5 物質の透過に対する抵抗性

混和材を大量に使用したコンクリートは，構造物の供用期間中，構造物が所要の耐久性を有するために，内部の鋼材が腐食しないよう，十分な物質の透過に対する抵抗性を有していなければならない．

【解　説】　鋼材の発錆および腐食の速度は，鋼材腐食に必要な水と酸素の供給量に支配されるとともに，鋼材位置における細孔溶液のpHや塩化物イオン濃度の影響を強く受ける．コンクリート構造物は立地により，雨水，海水，河川水，下水，結露水などと接し，水の供給を受ける．また，中性化の進行により鋼材位置のコンクリートの細孔溶液のpHが低下したり，塩化物イオンの侵入により鋼材位置の塩化物イオン濃度が腐食発生限界濃度を超えたりすると，鋼材表面の不動態皮膜が破壊されて腐食が進行しやすくなる．これらの作用による鋼材の腐食は，構造物の維持管理において対策を要する主要な課題のひとつとなっている．そのため，水の浸透，中性化抵抗性および塩化物イオンの侵入抵抗性を供用環境に応じて考慮する必要がある．

混和材を大量に使用したコンクリートは，一般のコンクリートと比較して中性化速度が大きいため，同じ水結合材比の一般のコンクリートの場合より中性化抵抗性が低くなる．「共同研究報告書」に示される暴露試験における中性化速度係数の一例を解説 図 2.5.1 に示す．混和材を大量に使用したコンクリートの中性化速度係数は屋内外によらず，同じ水結合材比のポルトランドセメントのみを使用したコンクリートの3倍以上である．このような，特性を把握した上で，適切な方法により，対象とするコンクリート構造物が鋼材を腐食から保護できるよう，十分な物質の透過に対する抵抗性を有することを確認する必要がある．

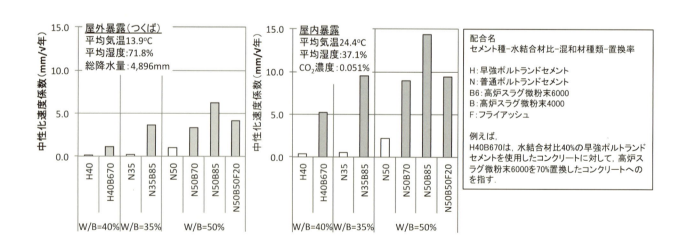

解説 図 2.5.1　混和材を大量に使用したコンクリートの中性化速度係数の一例（供試体養生期間28日）
（「共同研究報告書」のデータを用いて作成）

混和材を大量に使用したコンクリートの塩化物イオンの侵入への抵抗性は，通常，一般のコンクリートより高いと考えてよい．これは塩化物イオンの拡散係数が小さいことや，塩化物イオンの侵入が停滞する場合があるためである．「共同研究報告書」に示される塩水浸せき試験の結果から塩化物イオンの拡散係数を求め，**解説 図 2.5.2** に示す．試験は「浸せきによるコンクリート中の塩化物イオンの見掛けの拡散係数試験方法（案）（JSCE-G 572-2013）」に従って実施した．混和材を大量に使用したコンクリートの塩化物イオンの拡散係数は，ポルトランドセメントのみを用いた同じ水結合材比のコンクリートより小さいことが分かる．また，試験期間が長くなると拡散係数が小さくなる傾向にあるが，これは次に示す塩化物イオンの侵入の停滞によるものである．塩化物イオンの分布の一例を**解説 図 2.5.3** に示す．ポルトランドセメントのみを使用したコンクリートでは時間の経過に伴って塩化物イオンがコンクリートの内部に向かって拡散・侵入するが，混和材を大量に使用したコンクリートでは，配合条件によらず表面から 10～30 mm の深さで塩化物イオンの侵入が停滞している．試験期間は 2 年間であり，一般に構造物に期待する供用期間に対して短いため，これを特性として積極的に評価するには一層の検討が必要であるが，塩化物イオンの侵入抵抗性の観点から好ましい特徴を持つ．

一方，混和材を大量に使用したコンクリート中の鋼材腐食発生限界塩化物イオン濃度 C_{lim} は明らかにされていないが，ポルトランドセメントの使用量が少ないことから，細孔溶液中の OH⁻濃度が低下して C_{lim} が一般のコンクリートの場合より低下する可能性がある．

このように，混和材を大量に使用したコンクリートは，塩化物イオンの侵入による鋼材腐食に対する抵抗性について相反する特性を有する場合があるため，これを把握した上で，適切な方法により対象とするコンクリート構造物において鋼材の腐食が発生しないことを確認する必要がある．

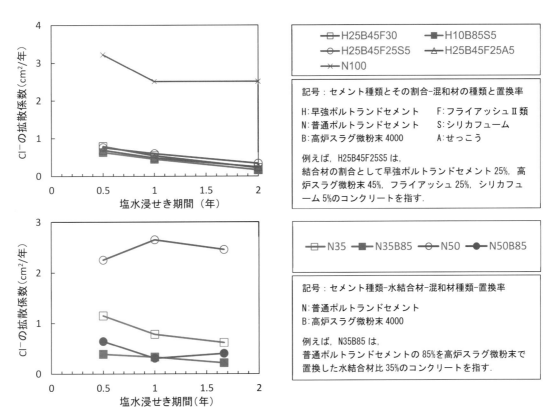

解説 図 2.5.2 塩水浸せき期間に伴う塩化物イオンの拡散係数の変化

（「共同研究報告書」のデータを用いて作成）

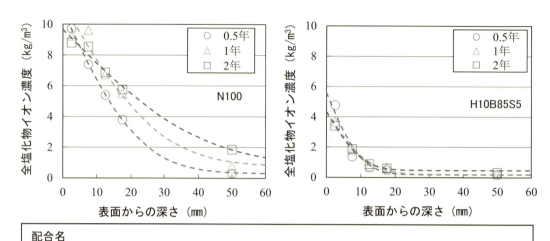

解説 図 2.5.3　塩水浸せき試験後のコンクリート中全塩化物イオン濃度分布の一例
（「共同研究報告書」のデータを用いて作成）

　混和材を大量に使用したコンクリートは，一般のコンクリートと比較して中性化に対する抵抗性が低いため，塩害環境にある場合，中性化との複合劣化について検討が必要になることがある．例えば，一般のコンクリートでは飛沫帯などの海洋環境や，凍結防止剤が散布される環境において，構造物の設計段階では塩害と中性化の複合劣化を考慮することは少ないが，混和材を大量に使用したコンクリートの場合には検討の対象となる．塩害と中性化の複合劣化では，塩化物イオンの侵入深さが，中性化が進行しない場合より深くなることが予想される．「共同研究報告書」に示されている屋外で40ヶ月暴露した供試体の塩化物イオン濃度と中性化深さの一例を**解説 図2.5.4**に示す．混和材を大量に使用したコンクリートは中性化深さが大きく，これにより塩化物イオンがコンクリートの内部に向かって移動し，濃縮していることが分かる．前述のように塩化物イオンの侵入が単独で生じる場合には，混和材を大量に使用したコンクリートは一般のコンクリートに対して塩化物イオンの侵入抵抗性に優れるが，中性化が複合する環境では，中性化の進行の影響を受けて塩化物イオンの侵入が進む．このため，これを把握した上で適切な方法により，対象とするコンクリート構造物において鋼材に腐食が発生しないことを確認する必要がある．

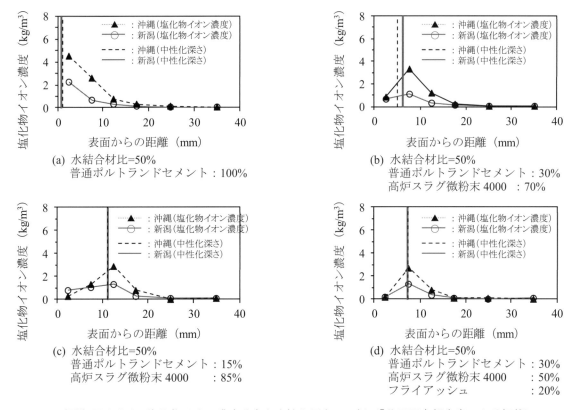

解説 図2.5.4 塩化物イオン濃度分布と中性化深さの一例（「共同研究報告書」より転載）

2.6 ひび割れ抵抗性

混和材を大量に使用したコンクリートは，沈みひび割れ，プラスティック収縮ひび割れ，温度ひび割れ，自己収縮ひび割れあるいは乾燥収縮ひび割れ等の発生ができるだけ少ないものでなければならない．

【解　説】　コンクリート構造物の表面に多数発生したひび割れは，構造物の美観を損ない，コンクリートの劣化に対する抵抗性，物質の透過に対する抵抗性および水密性や気密性等を著しく低下させる原因となる場合がある．また，大きな収縮ひび割れの発生が部材の剛性やたわみに影響を及ぼす場合もある．そのため，ひび割れの発生はできるだけ少なく，また発生してもひび割れ幅を限界値以下に制御することによって，物質の透過に対する抵抗性および水密性や気密性等への悪影響が無い範囲にとどめる必要がある．

コンクリートが凝結し始める前の，施工のごく初期段階に発生する主なひび割れとしては，沈みひび割れやプラスティック収縮ひび割れがある．混和材を大量に使用したコンクリートは，所要の強度を得るための水結合材比を小さく設定する必要があり，水結合材比が35〜45％の配合についての検討が多く行われている．このようなコンクリートは，水セメント比が50％程度の一般のコンクリートと比べて水結合材比が小さく，ブリーディングが少ない傾向にある．そのため，沈みひび割れは抑制される傾向にあると考えられる．一方，表面からの水分の蒸発量が大きい場合にはプラスティック収縮ひび割れを生じるおそれがあることから，コンクリートを打ち込んだ後に表面からの急速な乾燥による水分逸散の防止に注意する必要がある．

かぶりコンクリートのひび割れは，物質の透過に対する抵抗性を著しく低下させることがあるので，鋼材の腐食に対するひび割れ幅の限界値を超えないように制御し，所要の劣化に対する抵抗性を確保する必要が

ある．セメントの水和に起因するひび割れや乾燥収縮に伴うひび割れの発生は，材料や配合条件等で決まるコンクリートの性質に加えて，環境条件，構造物の寸法形状，施工方法等各種の要因が関係し，場合によっては設計で想定しない要因が影響する場合もある．このため，これらの要因とその組合せの影響を十分考慮して，コンクリートの材料，配合，施工方法を選定する．ひび割れが少なく，耐久性に優れたコンクリート構造物を構築するためには，運搬，打込み，締固め等の作業に適する範囲内で，できるだけ単位水量を少なくし，材料分離の少ないコンクリートを使用することが基本である．しかし，単位水量を減じすぎると，コンクリートの粘性の増加やスランプの低下を招き，ワーカビリティーを損なうことがあるので注意が必要である．

混和材を大量に使用したコンクリートは，結合材中のポルトランドセメントの割合が 30%以下であり，水和発熱量が大幅に低減されたコンクリートである．温度ひび割れに対する有効性は，温度応力解析によって確認されているが，結合材中のポルトランドセメントや混和材の種類や割合は多岐にわたり，現時点ではその使用実績は十分でない．そのため，構造物ごとに温度応力解析を実施して温度ひび割れに対する照査を実施することが望ましい．温度応力解析を行うにあたっては，熱物性，収縮特性および硬化物性等の物性値を適切な方法で取得しなければならない．

自己収縮は，ポルトランドセメントのみを用いたコンクリートと比べて大きくなる．また，混和材の水和反応が長期にわたって生じるため，自己収縮が収束するまでの時間が長くなる傾向にある．一方，せっこうを添加した場合には，水和の初期にエトリンガイトの生成に伴う膨張が生じる．したがって，水和に伴う体積変化を事前に試験で確認する必要がある．

乾燥収縮は，十分に養生を行うことにより，一般のコンクリートと同程度もしくは若干小さくなることが確認されている．したがって，乾燥収縮に関しては，一般のコンクリートと同様に扱ってよい．

混和材を用いたコンクリートにおいて，その置換率が 50%以下の場合のクリープは，ポルトランドセメントのみを用いた場合に比べて小さくなることが確認されている．しかし，混和材を 70%以上の大量に使用したコンクリートのクリープは，十分なデータがないことから，クリープの影響を考慮する必要がある場合には，事前に試験で確認する必要がある．

2.7 環境負荷低減効果

混和材を大量に使用したコンクリートの環境負荷低減効果を示す場合は，適切な方法で評価し，その方法とともに評価結果を示さなければならない．

【解　説】　コンクリート構造物には，環境性，すなわち，自然環境，社会環境への適合性に関する性能が求められることがあり，その際には，地球環境，地域環境，作業環境等に対する適合性，景観等の社会環境に対する適合性に配慮する必要がある．環境性の検討においては，コンクリート構造物が与える環境負荷について検討することが重要である．環境負荷には多様なものがあるが，混和材を大量に使用したコンクリートには，セメント製造時の温室効果ガスの排出量や燃料使用量の削減，産業副産物の有効利用や天然資源の保護の推進などにより，それらに関わる環境負荷を低減することが期待できる．例えば，温室効果ガスのうち二酸化炭素（CO_2）は，ポルトランドセメントを用いた一般のコンクリートを $1m^3$ 製造すると 250～280kg

排出されるが，その9割以上がポルトランドセメントの製造に起因するため，ポルトランドセメントの使用を抑えた混和材を大量に使用したコンクリートは製造による CO_2 排出量を 1/3〜1/5 に削減できる．

一方，2017年制定コンクリート標準示方書では，コンクリートの環境負荷低減効果の照査の方法についての標準が定められておらず，また，現状では環境負荷低減量が構造物に対する性能として求められる機会はほとんどないことから，本指針（案）においても環境負荷低減効果は照査項目とするのではなく，混和材を大量に使用したコンクリートの付加価値として取り扱うこととした．

例えば，温室効果ガスのうち，二酸化炭素の排出量の削減効果について示す場合には，対象とする環境負荷，システム境界，インベントリーデータ，環境負荷の計算方法，効果を示すための基準や比較対象を適切に選定し，それらを明記しなければならない．削減効果の評価にあたっては，整備が進められている ISO 13315 シリーズ "Environmental management for concrete and concrete structures" を参考にするとよい．なお，この ISO の一部は JIS Q 13315-1:2017「コンクリート及びコンクリート構造物に関する環境マネジメント－第1部：一般原則－」，JIS Q 13315-2:2017「同 －第2部：システム境界及びインベントリデータ－」として規格化されているのであわせて利用するとよい．具体的な評価の事例は資料編に示す．

また，JIS A 5308:2014「レディーミクストコンクリート」を満足するコンクリートは，**解説 表 2.7.1** に示すリサイクル材を用いた場合，生産者は JIS Q 14021:2000「環境ラベル及び宣言－自己宣言による環境主張（タイプⅡ環境ラベル表示）」に規定するメビウスループを，使用材料名の記号およびその含有量を付記して表示することができる（**解説 図 2.7.1**）．混和材を大量に使用したコンクリートにおいても，JIS A 5308:2014 の要件を満足する場合はメビウスループを表示できる対象となる．

解説 表 2.7.1　JIS A 5308:2014 に示されるリサイクル材

リサイクル材料 [a]	記号 [b]
エコセメント	E または EC
高炉スラグ骨材	BFG または BFS
フェロニッケルスラグ骨材	FNS
銅スラグ骨材	CUS
電気炉酸化スラグ骨材	EFG または EFS
再生骨材 H	RHG または RHS
フライアッシュ	FAⅠ または FAⅡ
高炉スラグ微粉末	BF
シリカフューム	SF
上澄水	RW1
スラッジ水	RW2

注 a) 詳細は JIS A 5308:2014 を確認のこと．
　b) 記号の末尾において，G は粗骨材を，S は細骨材を示す．

BF85%

解説 図2.7.1　高炉スラグ微粉末を混和材として結合材に対して
85質量％混合した場合の表示方法

【参考文献】

1) 魚本健人，小林一輔，星野富夫：高炉水砕スラグ・セッコウ系結合材を用いたコンクリートの劣化，コンクリート工学年次講演会講演論文集，Vol.2，pp.69-72，1980

2) 宮原茂禎，荻野正貴，岡本礼子，丸屋剛：高炉スラグ微粉末とカルシウム系刺激材を使用した環境配慮コンクリートの水和反応と組織形成，コンクリート工学年次論文集，Vol.35，No.1，pp.1969-1974，2013

3章 設計と照査

3.1 一 般

（1）混和材を大量に使用したコンクリートは，構造物に要求される性能を満足するために必要な特性が確保されていなければならない．

（2）性能照査に用いる混和材を大量に使用したコンクリート構造物の設計値は，試験あるいは信頼できる資料に基づいて設定することを原則とする．

【解 説】 （1）について コンクリート構造物の設計においては，構造物または構造物の一部に与えられる複数の要求性能を明確に設定し，それぞれに対応する限界状態が規定される．それぞれの限界状態において，要求性能に応じた限界値が設定された上で，荷重や環境の作用により生じる応答値を算定し，応答値が限界値を超えないことを確認する．その具体な方法は，コンクリート標準示方書［設計編］に従うものとし，本指針（案）では，混和材を大量に使用したコンクリートの特性のうち構造物の性能に対する影響が大きいと考えられる項目，すなわち，強度特性，変形特性，鋼材腐食に関する照査，凍結融解抵抗性に対する照査，および初期ひび割れに対する照査について記述している．本指針（案）で示されていない性能については，コンクリート標準示方書［設計編］に従い構造物の要求性能に応じて適切に照査しなければならない．

2章に示したように，このコンクリートの特性には，混和材の使用量に応じた影響を考慮することで把握できるものと，一般のコンクリートと大きく異なるために従来の性能照査手法を用いることが出来ないものがある．後者については，照査手法の適用範囲に留意して照査を行う必要がある．

化学的侵食およびアブサンデン現象は，適切な材料・配合であれば構造物の性能を損なうような劣化は生じない．したがって，化学的侵食については［設計編：標準］2編 **解説 表3.2.1**に示される水結合材比以下とすることで，アブサンデン現象については，資料編に示された劣化を生じないことが確かめられた材料・配合とすることで劣化に対する抵抗性を確保できる．それ以外の材料・配合とする場合は，試験によって確認する必要がある．

本指針（案）で対象とする混和材を大量に使用したコンクリートは，ポルトランドセメント使用量が少なく，アルカリシリカ反応の抑制効果をもつ混和材を大量に使用していることから，2017年制定コンクリート標準示方書［施工編：施工標準］**3.4**，**4.3.3**に従うことで，アルカリシリカ反応による有害な膨張は生じないと考えてよい．

（2）について コンクリートの特性は，使用材料や配合の条件ばかりでなく，施工条件さらにはコンクリートの使用される環境条件によっても大きく影響される場合がある．これらの条件が多様であるため，ここでは混和材を大量に使用したコンクリートに関して，通常の設計段階で用いられる諸特性の一般的な数値を示した．これらの数値は標準的な値である．このため，コンクリートの材料特性について，実際の使用材料，配合，施工，環境等の条件のもとでの信頼できる数値が得られるならば，ここに示した諸数値の代わりに，実際に即した値を用いることが望ましい．なお，混和材を大量に使用したコンクリートは開発されてからの年数が短いこともあり，十分に確認されていない特性もある．その場合は試験を行って確認することを

原則とする．また，コンクリート構造物の長期耐久性に関わる特性などについて十分な確認ができていない場合は，十分な安全余裕をもって設計を行う必要がある．

3.2　強度，応力－ひずみ曲線，ヤング係数，ポアソン比

（1）混和材を大量に使用したコンクリートの強度の特性値は，材齢 28 日における試験強度に基づいて定めることを原則とする．ただし，構造物の使用目的，主な荷重の作用する時期および施工計画等に応じて，それ以外の適切な材齢における試験強度に基づいて定めてもよい．
　圧縮試験は，JIS A 1108「コンクリートの圧縮強度試験方法」による．
　引張試験は，JIS A 1113「コンクリートの割裂引張強度試験方法」による．
（2）限界状態の照査の目的に応じて，混和材を大量に使用したコンクリートの応力－ひずみ曲線を仮定するものとする．
（3）混和材を大量に使用したコンクリートのヤング係数は，JIS A 1149「コンクリートの静弾性係数試験方法」によって求めることを原則とする．
（4）混和材を大量に使用したコンクリートのポアソン比は，弾性範囲内では，一般に 0.2 としてよい．ただし，引張を受け，ひび割れを許容する場合は 0 とする．

【解　説】　　（1）について　混和材を大量に使用したコンクリートが適切に養生されている場合，その圧縮強度は材齢とともに増加し，一般の構造物では，標準養生を行った供試体の材齢 28 日における圧縮強度以上となることが期待できる．また，混和材を大量に使用したコンクリートの強度発現は，混和材の種類や置換率によって異なり，一般のコンクリートと比較して，初期材齢で遅くなり，長期的に継続する傾向が多くみられるが，混和材の種類および置換率ならびに水結合材比を適切に選定することによって，その圧縮強度は材齢 28 日において一般の構造物で要求される圧縮強度以上となる．これらの点を考慮して，混和材を大量に使用したコンクリートの強度特性は，一般の構造物に対して，材齢 28 日のコンクリート標準供試体を用いて JIS A 1108:2006「コンクリートの圧縮強度試験方法」または JIS A 1113:2006「コンクリートの割裂引張強度試験方法」で得られる試験強度に基づいて定めることを原則とした．

　しかし，構造物の種類によってはコンクリートの打込み後かなり長い期間を経過した後に設計荷重を受ける場合があり，また，混和材を大量に使用したコンクリートでは一般のコンクリートと比較して強度発現が遅いこともあるため，早期の強度をもって混和材を大量に使用したコンクリートの強度の特性値を決めるのは実用上適当でない場合がある．このような場合には，材齢 56 日や材齢 91 日における試験強度から定めてよい．

　混和材を大量に使用したコンクリートの圧縮強度と引張強度の関係は，一般のコンクリートと同程度との試験結果が得られている．よって，混和材を大量に使用したコンクリートの引張強度の特性値 f_{tk} は，一般のコンクリートと同様に，圧縮強度の特性値 f'_{ck} に基づいて，式（解 3.2.1）により求めてよい．ここで，強度の単位は N/mm^2 である．

$$f_{tk} = 0.23 f'^{2/3}_{ck}$$

（解 3.2.1）

3章　設計と照査　　　21

　なお，本指針（案）における混和材を大量に使用したコンクリートの圧縮強度の根拠となるデータの範囲は，20～60N/mm² 程度である．

　（2）について　混和材を大量に使用したコンクリートの場合でも，応力－ひずみ曲線は材齢，作用する応力状態，載荷速度および載荷経路等によって相当に異なる．このことを踏まえて，混和材を大量に使用したコンクリートの応力－ひずみ曲線は，限界状態の照査の目的に応じて 2017 年制定コンクリート標準示方書［設計編］を参照して仮定することとした．

　（3）について　混和材を大量に使用したコンクリートのヤング係数は，JIS A 1149:2010「コンクリートの静弾性係数試験方法」によって求めることを原則とした．一方，混和材を大量に使用したコンクリートの圧縮強度とヤング係数の関係は，一般のコンクリートと同様との試験結果が得られている．したがって試験によらない場合，構造物の使用性の照査や疲労破壊に対する安全性の照査における弾性変形または不静定力の計算には，一般に式（解 3.2.2）から求められるヤング係数 E_c（N/mm²）を用いてよい．

$$E_c = \left(2.2 + \frac{f_c' - 18}{20}\right) \times 10^4 \qquad 20 \le f_c' < 30\,\text{N/mm}^2$$

$$E_c = \left(2.8 + \frac{f_c' - 30}{33}\right) \times 10^4 \qquad 30 \le f_c' < 40\,\text{N/mm}^2 \qquad\qquad (\text{解 } 3.2.2)$$

$$E_c = \left(3.1 + \frac{f_c' - 40}{50}\right) \times 10^4 \qquad 40 \le f_c' < 60\,\text{N/mm}^2$$

　（4）について　混和材を大量に使用したコンクリートのポアソン比は，弾性範囲内において，一般のコンクリートと同程度との試験結果が得られていることから，一般のコンクリートと同様の値を用いてよいこととした．

3.3　収縮，クリープ

　（1）混和材を大量に使用したコンクリートの収縮の特性値は，使用する混和材，骨材，セメントの種類，コンクリートの配合等の影響を考慮して定めることを原則とする．試験には，7 日間水中養生を行った 100×100×400mm の角柱供試体を用い，温度 20±2℃，相対湿度（60±5）％の環境条件で，JIS A 1129「モルタル及びコンクリートの長さ変化測定方法」に従い測定された乾燥期間 6 ヶ月（182 日）における値を特性値とする．

　（2）混和材を大量に使用したコンクリートのクリープ係数は，適切な試験により求めたクリープ係数に基づき，構造物周辺の湿度，部材断面の形状寸法，コンクリートの配合，応力が作用するときのコンクリートの材齢等の影響を考慮して，適切に定めることを原則とする．

【解　説】　（1）について　コンクリートの収縮は，乾燥収縮，自己収縮を含み，構造物の置かれる環境の温度，相対湿度，部材断面の形状，コンクリートの配合のほか，骨材の性質，セメントおよび混和材料の種類，コンクリートの締固め，養生条件などの要因によって影響を受ける．そこで，養生条件，環境条件，形状寸法を統一した条件下での収縮を，そのコンクリートの収縮の特性値とした．構造物の性能照査におい

てコンクリートの収縮が影響する構造物の応答値を算定する場合は，強度などの特性値と同様にコンクリートの収縮の特性値を設計段階で設定し，その値を設計図書に記載しなければならない．

収縮の特性値は，100×100×400mm の角柱供試体を用い，水中養生 7 日後，温度 20℃，相対湿度 60%の環境下で，JIS A 1129:2010「モルタル及びコンクリートの長さ変化測定方法」に従って測定された乾燥期間 6 ヶ月における収縮ひずみとし，実際に使用するコンクリートと同材料，同配合のコンクリートの試験値や，実績をもとに定めることを原則とする．

構造物中におけるコンクリートの収縮は，そのコンクリートの収縮の特性値に，構造物の置かれる環境の温度，相対湿度，部材断面の形状，乾燥開始材齢等の影響を考慮して算定することを原則とする．

なお，試験によらない場合は 2017 年制定コンクリート標準示方書［設計編］に示される式を参考にし，特性値を設定してもよい．一般に混和材を大量に使用したコンクリートの収縮ひずみは，一般のコンクリートと比較して，同程度か若干小さくなる．

（2）について　混和材を結合材の 50%まで置換して用いたコンクリートのクリープ係数は，無置換のものに比べて小さくなることは確認されている．しかし，混和材を結合材の 70%以上用いたコンクリートのクリープ係数は，十分なデータがないことから，構造物の性能照査においてクリープの影響を考慮する必要がある場合には，試験等によって特性値等を定める必要がある．

3.4　鋼材腐食に対する照査

3.4.1　一　　般

（1）混和材を大量に使用したコンクリートは，与えられた環境条件の下，設計耐用期間中に，中性化と水の浸透および塩化物イオンの侵入に伴う鋼材腐食によって構造物の所要の性能が損なわれてはならない．一般に，以下の (i) を確認した上で，限界状態を超えた場合の性能に及ぼす影響を考慮して (ii) およびまたは (iii) の照査を行うものとする．

(i) コンクリート表面のひび割れ幅が，鋼材腐食に対するひび割れ幅の限界値以下であること．

(ii) 設計耐用期間中の中性化と水の浸透に伴う鋼材腐食深さが，限界値以下であること．

(iii) 塩害環境下においては，鋼材位置における塩化物イオン濃度が，設計耐用期間中に鋼材腐食発生限界濃度に達しないこと．

（2）混和材を大量に使用したコンクリートにおいて，中性化と塩化物イオンの侵入の複合作用が懸念される場合には，その影響を考慮して鋼材腐食に対する照査を行う．

【解　説】　（1）について　コンクリートの中性化とコンクリート中への水の浸透および塩化物イオンの侵入は，コンクリート中の鋼材腐食の原因となる．本節では，2017 年制定コンクリート標準示方書［設計編］に準じて，中性化と水の浸透に伴う鋼材腐食に対する検討方法と，塩害環境下における塩化物イオンの侵入による鋼材腐食に対する検討方法を示している．これらはいずれも，コンクリート表面から鉄筋に向かう一次元方向の物質移動を想定したものである．このような照査法が成り立つのは，ひび割れ位置における局所的な腐食が生じないことが前提となる．このためには，かぶりコンクリートのひび割れ幅が小さくなければ

ならない．そこで，(i) により，ひび割れ幅が鋼材腐食に対するひび割れ幅の限界値以下に抑えられていることが確認された下で，(ii) 中性化と水の浸透に伴う鋼材腐食深さの照査，(iii) 塩害環境下においては，鋼材位置における塩化物イオン濃度の照査を行うこととした．なお，水の浸透に伴う鋼材腐食深さの算定が困難な場合には，中性化に対する照査を持って，水の浸透に伴う鋼材腐食に対する照査に代えてもよい．鋼材腐食に対するひび割れ幅の限界値は，鉄筋コンクリートの場合，$0.005c$（c はかぶり（mm））としてよい．ただし，0.5mm を上限とする．

　(2) について　混和材を大量に使用したコンクリートは，一般にはあまり中性化速度が大きいとはいえないような，飛沫帯などの海洋環境や，凍結防止剤散布環境においても中性化が進みやすい傾向がみられ，中性化と塩化物イオンの侵入が複合して作用する状態となる．このような複合作用が想定される環境においては，中性化残りを考慮した中性化深さを照査することとした．なお，現状では混和材を大量に使用したコンクリートの構造物への適用事例が少なく，中性化と塩化物イオンの複合作用の状態を見極めることが難しいと思われる．このため海水中など中性化の影響がないことが明白な場合を除いて，塩害環境においては中性化と塩化物イオンの侵入の複合作用を考慮した照査を行うとよい．

3.4.2　中性化と水の浸透に伴う鋼材腐食に対する照査

（1）混和材を大量に使用したコンクリートの，中性化と水の浸透に伴う鋼材腐食に対する照査は，鋼材腐食深さの設計値 s_d の，鋼材腐食深さの限界値 s_{lim} に対する比に構造物係数 γ_i を乗じた値が，1.0以下であることを確かめることにより行うことを原則とする．

$$\gamma_i \frac{s_d}{s_{lim}} \leq 1.0 \tag{3.4.1}$$

ここに，γ_i　：構造物係数．一般に，1.0〜1.1としてよい．

s_{lim}　：鋼材腐食深さの限界値（mm）．構造物の重要性，維持管理区分，照査の不確実性や信頼性などを考慮して適切に設定する．

s_d　：鋼材腐食深さの設計値（mm）．一般に，式（3.4.2）で求めてよい．

$$s_d = \gamma_w \cdot s_{dy} \cdot t \tag{3.4.2}$$

ここに，γ_w　：鋼材腐食深さの設計値 s_d のばらつきを考慮した安全係数

s_{dy}　：1年あたりの鋼材腐食深さの設計値（mm/年）

t　：中性化と水の浸透に伴う鋼材腐食に対する耐用年数（年）．一般に，耐用年数100年を上限とする．

（2）中性化と水の浸透に伴う鋼材腐食深さの算定が困難な場合には，中性化深さが設計耐用期間中に鋼材腐食発生限界深さに達しないことを確認することで，鋼材腐食に対する照査としてよい．中性化深さを用いて照査する場合には，中性化深さの設計値 y_d の鋼材腐食発生限界深さ y_{lim} に対する比に構造物係数 γ_i を乗じた値が，1.0以下であることを確かめることにより行うことを原則とする．

$$\gamma_i \frac{y_d}{y_{\lim}} \leq 1.0 \tag{3.4.3}$$

ここに，γ_i ：一般に 1.0〜1.1 としてよい．

y_{lim}：鋼材腐食発生限界深さ．一般に，式（3.4.4）で決めてよい．

$$y_{\lim} = c_d - c_k \tag{3.4.4}$$

ここに，c_d ：耐久性に関する照査に用いるかぶりの設計値（mm）．設計誤差を予め考慮して，式（3.4.5）で求めることとする．

$$c_d = c - \Delta c_e \tag{3.4.5}$$

c ：かぶり（mm）

Δc_e ：かぶりの施工誤差（mm）

c_k ：中性化残り（mm）．一般に，通常環境下では 10mm としてよい．

y_d ：中性化深さの設計値（mm）．一般に，式（3.4.6）で求めてよい．

$$y_d = \gamma_{cd} \cdot \alpha_d \sqrt{t} \tag{3.4.6}$$

ここに，α_d ：中性化速度係数の設計値（mm/$\sqrt{年}$）

$\qquad = \alpha_k \cdot \beta_e \cdot \gamma_c$

α_k ：中性化速度係数の特性値（mm/$\sqrt{年}$）

β_e ：環境作用の程度を表す係数．一般に 1.6 としてよい．

γ_c ：コンクリートの材料係数．一般に 1.0 としてよい．ただし，上面の部位に関して 1.3 とするのがよい．

γ_{cd}：中性化深さの設計値 y_d のばらつきを考慮した安全係数．一般に 1.15 としてよい．

t ：中性化に対する耐用年数（年）．一般に，式（3.4.6）で算出する中性化深さに対しては，耐用年数 100 年を上限とする．

【解　説】　（1）について　鋼材腐食深さの限界値 s_{lim} は，構造物の重要性や維持管理区分等を考慮して，適切に設定する必要がある．一般に，コンクリートのひび割れや剥離等といった鋼材腐食によって最初に生じる変状を防ぐために，鋼材腐食深さの限界値を設定するのが良い．ただし，設計で想定していない様々な環境作用や，施工による品質の相違，また使用する照査手法の信頼性等により，鋼材腐食深さがその限界値を実際に超えることがあると，コンクリートのひび割れや剥離等に至り，構造の性能の低下が生じ，維持管理段階において問題が発生する恐れがある．したがって，設計では十分に余裕を見込んだ値とする必要がある．

なお，一般的な構造物の場合は，式（解 3.4.1）より，鋼材腐食深さの限界値を算定してよい．

$$s_{lim} = 3.81 \times 10^{-4} \cdot c_d \text{（mm）} \tag{解 3.4.1}$$

ただし，$c > 35$mm の場合は $s_{lim} = 1.33 \times 10^{-2}$ とする．

ここに，c_d ：耐久性に関する照査に用いるかぶりの設計値（mm）．施工誤差を考慮して，式（解 3.4.2）で求めることとする．

$$c_d = c - \Delta c_e \tag{解 3.4.2}$$

c ：かぶり（mm）

Δc_e ：かぶりの施工誤差（mm）

（解 3.4.1）は，一般のコンクリートを念頭においた場合の鋼材腐食深さの限界値を例として示したものである．なお，部材表面ひび割れ発生時の鋼材腐食深さは，鉄筋径，側方かぶり，鉄筋間隔等の断面諸元やコンクリート強度の影響も受けるが，ここでは安全側の設定をしているため，簡単のために最も主要な要因であるかぶりのみの関数とした．供用時の環境や対象構造物を模擬した実験等によって，精度や信頼性の高い限界値が求められる場合には，それを用いるのが良い．

式（3.4.2）の 1 年あたりの鋼材腐食深さの設計値は，中性化の進行やコンクリート中の鋼材位置への水分および酸素の供給量等を考慮して定める必要がある．ここで，代表的な環境作用である降雨を考えた場合の取り扱いの例を示す．

降雨の影響の場合，1 年あたりの鋼材腐食深さの設計値は，降雨の回数や継続時間等の構造物の立地条件，着目部位の鋼材の腐食環境の継続時間，中性化の進行，コンクリートの水の浸透速度，鋼材のかぶりの影響を考慮して定めてよい．

1年あたりの鋼材腐食深さの設計値 s_{dy} は，一般に，式（解 3.4.3）で求めてよい．

$$s_{dy} = 1.9 \cdot 10^{-4} \cdot \exp\left(-0.068 \cdot c_d{}^2 / q_d{}^2\right) \qquad \text{（解 3.4.3）}$$

ここに，q_d：コンクリートの水分浸透速度係数の設計値（$mm / \sqrt{時間(hr)}$ ）

$$q_d = \gamma_c \cdot q_k \qquad \text{（解 3.4.4）}$$

γ_c：コンクリートの材料係数．一般に1.3としてよい．

q_k：コンクリートの水分浸透速度係数の特性値（$mm / \sqrt{時間(hr)}$ ）

1 年あたりの鋼材腐食深さは，コンクリートのひび割れ発生前の段階では年数の経過による違いがわずかであると考え，その設計値を一定としてよいこととした．なお，供用年数により 1 年あたりの鋼材腐食深さが大きく変化することが設計段階で判明している場合には，年ごとに適切な値を設定するのがよい．

式（解 3.4.3）に示される 1 年あたりの鋼材腐食深さの設計値は，中性化が進行しつつ，鋼材位置に水と酸素の供給が繰り返されることにより鋼材腐食が少しずつ進行すると考えて設定した．また，鋼材位置への水と酸素の供給の有無は，コンクリートの水分浸透速度係数と水の作用時間からコンクリート中の水分浸透深さを求め，この値とかぶりとの関係から求めることとした．

本照査ではコンクリートへの水掛りの主要因が降雨である場合を想定しているため，全国の降雨記録から安全側に算定した 1 年間の降雨量，一降雨当たりの継続時間などに基づいて，式（解 3.4.3）を定めた．なお，式（解 3.4.3）を用いる場合には，$c \geq \Delta c_e$ としなければならない．

コンクリートの水分浸透速度係数の特性値 q_k は，実験あるいは既往のデータに基づき，コンクリートの水結合材比および結合材の種類から推定される予測値 q_p を用いて設定してよい．コンクリートの水分浸透速度係数の予測値 q_p を実験により求める場合には，実際の施工をなるべく模擬した材料，配合および養生方法を用いてコンクリート試験体を作製した上で水を作用させ，その浸透深さの時間変化を測定し，水分浸透速度を算出するのがよい．水分浸透深さの測定は，コンクリートを割裂して水分浸透深さを目視等で判定する方法や，コンクリート試験体に水分変化を検知するセンサを埋設して測定する方法等がある．なお，コンクリートの水分浸透速度係数は，コンクリートの材齢や乾燥状態の影響を強く受ける．例えば，試験開始材齢が短いと，コンクリートが水を多く含むために見かけ上コンクリートの水分浸透速度係数が小さくなる可能性がある．また，長時間の封緘養生を行った場合等では，材齢初期ではコンクリートの水分浸透速度が小さくなるものの，経年により養生効果の差異が少なくなる可能性がある．したがって，実験を行う際には，これらの点に留意した上で，コンクリートの水分浸透速度係数の予測値 q_p を求めることが重要である．

（2）について　混和材を大量に使用したコンクートの中性化に伴う鋼材腐食に対する照査は，2017 年制定コンクリート標準示方書［設計編］に従い，中性化深さが鋼材腐食発生限界深さ以下であることを照査することによる．ただし，対象とするコンクリート構造物の要求性能や重要度に応じ，適切な照査方法によって中性化による鋼材腐食に起因するコンクリートのひび割れ発生を限界状態とした照査を行ってもよい．腐食開始時の中性化残りは，2017 年制定コンクリート標準示方書［設計編］に従い，通常環境下で 10mm とした．

混和材を大量に使用したコンクリートの中性化速度係数は，一般のコンクリートと同様に中性化が進行する深さが暴露期間の平方根に比例するとした場合の比例定数である．この中性化速度係数は，中性化に伴う鋼材腐食を照査するために用いる係数であり，設計耐用期間中，中性化による鋼材腐食が生じないように，構造物が暴露される環境を考慮して適切に設定しなければならない．

混和材を大量に使用したコンクリートの中性化速度係数の特性値 α_k は，供用時の環境条件と同条件で行った暴露試験の結果を用いることが望ましい．なお，暴露試験から得られる中性化速度係数は，環境の影響も加味された $\alpha_k \cdot \beta_e$ であり，かつ，暴露試験の環境が実構造物のおかれる環境を完全に再現できるわけではないため，これを考慮しておくとよい．暴露試験の結果を入手できない場合には，JIS A 1153:2012「コンクリートの促進中性化試験方法」に準拠した促進中性化試験を行い，式（解 3.4.5）に示すように二酸化炭素濃度差を補正して求めた中性化速度係数の推定値 α_p を用いてもよい．

$$\alpha_p = \alpha_{acc.} \sqrt{[CO_2] \Big/ [CO_2]_{acc}} \qquad\qquad （解 3.4.5）$$

ここに，$\alpha_{acc.}$　　：促進試験結果に基づく中性化速度係数（mm/$\sqrt{年}$ ）

$\quad\quad$ $[CO_2]$　　：供用環境の二酸化炭素濃度（%）

$\quad\quad$ $[CO_2]_{acc.}$：促進中性化試験の二酸化炭素濃度（%）

なお，試験が困難な場合，混和材を大量に使用したコンクリートの中性化速度係数の特性値 α_k は，式（解 3.4.6）によりコンクリートの有効水結合材比から予測される α_p から求めてよい．

$$\alpha_p = a + b \cdot \frac{W}{B} \qquad\qquad （解 3.4.6）$$

ここに，a, b：結合材の種類に応じて，実績から定まる係数

$\quad\quad$ W/B：有効水結合材比

式（解 3.4.6）における係数 a および b は結合材の種類に応じて，実績から定まる係数である．混和材を大量に使用したコンクリートの係数 a および b を定める際には，フライアッシュを混和したコンクリートの場合を参考にすることができる．式（解 3.4.7）はコンクリートライブラリー64「フライアッシュを混和したコンクリートの中性化と鉄筋の発錆に関する長期研究（最終報告）」に示された普通ポルトランドセメントあるいは中庸熱ポルトランドセメントを用いた 17 種類のコンクリートの実験データに基づいて求めた回帰式である．混和材を大量に使用したコンクリートについても式（解 3.4.6）に代えて式（解 3.4.7）を用いることができる．

$$\alpha_p = -3.57 + 9.0 \cdot \frac{W}{B} \quad （mm/\sqrt{年} ） \qquad\qquad （解 3.4.7）$$

ここに，W/B：有効水結合材比

$\quad\quad\quad$ $= W/(C_p + k \cdot A_d)$

$\quad\quad$ W　：単位体積あたりの水の質量

$\quad\quad$ B　：単位体積あたりの有効結合材の質量

C_p ：単位体積あたりのポルトランドセメントの質量

A_d ：単位体積あたりの混和材の質量

k ：混和材の種類により定まる定数

ただし，式（解3.4.7）を参考に式（解3.4.6）を用いる場合には，混和材を大量に使用したコンクリートに関する混和材により定まる定数kを適切に定めなければならない．屋外暴露試験のデータに基づいて検討した結果，「共同研究報告書」に示される配合（普通ポルトランドセメントあるいは早強ポルトランドセメントをベースに混和材を大量に使用したコンクリート）については$k=0.3$とすることができる．

3.4.3　塩害環境下における鋼材腐食に対する照査

（1）混和材を大量に使用したコンクリートの塩害による鋼材腐食に対する照査は，鋼材位置における塩化物イオン濃度の設計値C_dの鋼材腐食発生限界濃度C_{lim}に対する比に構造物係数γ_iを乗じた値が，1.0以下であることを確かめることにより行うことを原則とする．

$$\gamma_i \frac{C_d}{C_{lim}} \leq 1.0 \tag{3.4.7}$$

ここに，γ_i ：一般に1.0〜1.1としてよい．

C_{lim} ：耐久設計で設定する鋼材腐食発生限界濃度（kg/m³）

C_d ：鋼材位置における塩化物イオンの設計値（kg/m³）

$$C_d = \gamma_{cl} \cdot \left[C_0 (1 - erf \frac{0.1 \cdot c_d}{2\sqrt{D_d \cdot t}}) \right] + C_i \tag{3.4.8}$$

ここに，C_0 ：コンクリート表面における塩化物イオン濃度（kg/m³）

c_d ：かぶりの設計値（mm）

t ：塩化物イオンの侵入に対する耐用年数（年）．一般に，耐用年数100年を上限とする．

γ_{cl} ：鋼材位置における塩化物イオン濃度の設計値C_dのばらつきを考慮した安全係数．一般に1.3としてよい．

D_d ：塩化物イオンに対する設計拡散係数（cm²/年）．一般に，式（3.4.9）により算定してよい．

$$D_d = \gamma_c \cdot D_k + \lambda \cdot \left(\frac{w}{l} \right) \cdot D_0 \tag{3.4.9}$$

ここに，γ_c ：コンクリートの材料係数．一般に1.0としてよい．

D_k ：コンクリートの塩化物イオンに対する拡散係数の特性値（cm²/年）

λ ：ひび割れの存在が拡散係数に及ぼす影響を表す係数．一般に，1.5としてよい．

D_0 ：コンクリート中の塩化物イオンの移動に及ぼすひび割れの影響を表す定数（cm²/年）．一般に，400cm²/年としてよい．

w/l ：ひび割れ幅とひび割れ間隔の比

C_i ：初期含有塩化物イオン濃度（kg/m³）

erf ：誤差関数

（2）コンクリートの塩化物イオン拡散係数の特性値 D_k は，次のいずれかの方法で求めるものとする．
 (i) 浸せき法を用いた室内試験または自然暴露実験
 (ii) 実構造物調査
（3）コンクリート表面塩化物イオン濃度 C_0 は，対象地域の飛来塩分量に応じて設定するものとする．

【解説】 （1）について　塩化物イオンの侵入に対する構造物の性能照査にあたっては，供用期間中に鋼材に腐食を発生させないことを条件とすることが分かりやすく，また最も安全側の照査となる．この場合，式（3.4.7）にしたがって鋼材位置における塩化物イオン濃度が鋼材腐食発生限界濃度以下であることを確認すればよい．ただし，混和材を大量に使用したコンクリート中の塩化物イオン侵入メカニズム，コンクリート中の塩化物イオンの鋼材腐食発生限界濃度などの値については，十分に解明されていないのが現状である．式（3.4.8）は塩化物イオンがコンクリート中を濃度勾配を駆動力として拡散することを前提として，鋼材位置の塩化物イオン濃度を予測するための式である．この式を用いることで，鋼材位置の塩化物イオン濃度を安全側で予測することができる．

　2.4.2 に示したように，混和材を大量に使用したコンクリート中の塩化物イオンの侵入は，一般のコンクリート中の濃度勾配による拡散とは異なり，ある程度の深さまで侵入した後はそれ以上の侵入は見られず，塩化物イオンの侵入が停滞する現象が見られる場合がある．ただし，塩化物イオンの侵入が停滞する条件については不明な部分が多いことから，ここに示した方法に従って照査することを原則とする．

　混和材を大量に使用したコンクリート中の鋼材腐食発生限界塩化物イオン濃度は，現時点で明らかになっていないが，2017 年制定コンクリート標準示方書［設計編］に示されたシリカフュームを用いた場合の値である 1.2 kg/m^3 を目安として用いることができる．ただし，混和材を大量に使用したコンクリートはポルトランドセメントの使用量が少なくなる傾向にあり，細孔溶液の OH$^-$ 濃度が低下する可能性が高い．細孔溶液が一定の[Cl$^-$]/[OH$^-$]を超えると腐食環境になると考えると，OH$^-$ 濃度の低下により鋼材腐食発生限界塩化物イオン濃度が低くなると考えられる．

　塩化物イオンの鋼材腐食発生限界濃度が低い場合には，塩化物イオンの侵入速度が等しくても塩化物イオンの鋼材腐食発生限界濃度が高い場合と比べて，その濃度に達する時間が早くなる．例えば，**解説 図 3.4.1** に示す W/C=40%の場合，塩化物イオンの鋼材腐食発生限界濃度を 1.2 kg/m^3 とするとその濃度に達する時期は供用開始後約 70 年であるが，鋼材腐食発生限界塩化物イオン濃度を 0.6 kg/m^3 とすると約 50 年となる．塩化物イオンの鋼材腐食発生限界濃度を実験により求める場合は，コンクリートライブラリー138「2012 年制定コンクリート標準示方書改訂資料　基本原則編・設計編・施工編」を参照するとよい．

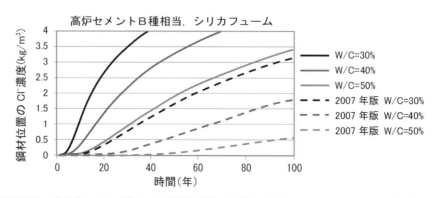

解説 図 3.4.1　鋼材位置の塩化物イオン濃度の試計算結果（2012 年制定コンクリート標準示方書改訂資料）

（2）について　式（3.4.8）で用いる混和材を大量に使用したコンクリートの塩化物イオンに対する拡散係数の特性値を配合などから算定する式は，現状では存在しない．このため，対象とする構造物と同様の環境作用を受ける実構造物から得られるコンクリート中の塩化物イオン濃度分布を測定し，塩化物イオンに対する拡散係数の特性値を求めるのがよい．そのようなデータが得られない場合には，「浸せきによるコンクリート中の塩化物イオンの見掛けの拡散係数試験方法（案）（JSCE-G 572-2013）」に準拠して，室内試験により塩化物イオンに対する拡散係数の特性値を求めるとよい．一般に，混和材を大量に使用したコンクリート中の塩化物イオン侵入速度は小さいため，浸せき期間は1年以上とすることが望ましい．なお，現時点では混和材を大量に使用したコンクリートについて，電気泳動法により得られる実効拡散係数を見掛けの拡散係数に換算する手法が確立されていないため，「電気泳動によるコンクリート中の塩化物イオンの実効拡散係数試験方法（案）（JSCE-G 571-2013）」を用いて拡散係数の特性値を求めることはできない．

（3）について　式（3.4.8）で用いる表面における塩化物イオン濃度 C_0 については，過去の類似の構造物の実績や実測データによらない場合，構造物の立地する地域区分と海岸からの距離に応じて，**解説 表 3.4.1** により求めてよい．

解説 表 3.4.1 コンクリート表面塩化物イオン濃度 C_0　（kg/m³）

		飛沫帯	海岸からの距離（km）				
			汀線付近	0.1	0.25	0.5	1.0
飛来塩分が多い地域	北海道，東北，北陸，沖縄	13.0	9.0	4.5	3.0	2.0	1.5
飛来塩分が少ない地域	関東，東海，近畿，中国，四国，九州		4.5	2.5	2.0	1.5	1.0

3.4.4　中性化と塩化物イオンの侵入の複合に伴う鋼材腐食に対する照査

混和材を大量に使用したコンクリートの中性化と塩害の複合劣化に伴う鋼材腐食に対する照査は，中性化残りを適切に設定した上で，中性化深さの設計値 y_d の鋼材腐食発生限界深さ y_{lim} に対する比に構造物係数 γ_i を乗じた値が，1.0 以下であることを確かめることにより行うことを原則とする．

$$\gamma_i \frac{y_d}{y_{\lim}} \leq 1.0 \tag{3.4.10}$$

ここに，γ_i　：一般に 1.0〜1.1 としてよい．

y_{lim}：鋼材腐食発生限界深さ．一般に，式（3.4.11）で決めてよい．

$$y_{\lim} = c_d - c_k \tag{3.4.11}$$

ここに，c_d　：耐久性に関する照査に用いるかぶりの設計値（mm）．設計誤差を予め考慮して，式（3.4.12）で求めることとする．

$$c_d = c - \Delta c_e \tag{3.4.12}$$

c　：かぶり（mm）

Δc_e：施工誤差（mm）

c_k　：中性化残り（mm）．一般に，複合劣化環境下では 15〜25mm としてよい．

中性化深さの設計値 y_d は，一般に，式（3.4.6）を用いて求めてよい．

【解　説】　混和材を大量に使用したコンクリートにおける中性化と塩害の複合劣化に対する照査は，中性化残りを考慮して中性化に伴う鋼材腐食に対する照査と同様に行うものとした．式（3.4.11）中の中性化残りは，十分に信頼できるデータを有する場合はこれを用いてよい．2017年制定コンクリート標準示方書［設計編：標準］の中性化に対する照査では，塩害環境下における中性化残りの設定値は10～25mmとしている．同解説では，腐食開始の中性化残りを設定する資料が無い場合には安全側の対処として25mmとし，類似の条件の構造物の調査結果や実験によって十分確認されている場合には、その結果を参考にして25mmよりも小さくしてよいことが示されている．混和材を大量に使用したコンクリートにおいても，十分に信頼できるデータが無い場合には中性化残りの設定値を25mmとする．また，**解説 図3.4.2**に示す共同研究報告書の例では，中性化深さよりも12mm程度内部まで塩化物イオンが侵入している結果が示されていることを考慮して，実験等で十分に確認されている場合には15mmを下限値として小さくしてよいこととした．

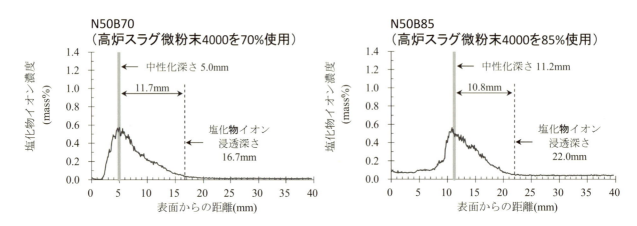

解説 図3.4.2　塩化物イオン濃度分布と中性化深さの一例

（W/B=50%，普通ポルトランドセメント使用，40ヶ月沖縄屋外暴露，「共同研究報告書」より転載）

3.5　凍害に対する照査

（1）混和材を大量に使用したコンクリートの凍害に対する照査は，コンクリートの相対動弾性係数の設計値をもとに行うことを原則とする．

（2）凍害に対する照査は，凍結融解試験における相対動弾性係数の最小限界値 E_{min} とその設計値 E_d の比に構造物係数 γ_i を乗じた値が，1.0以下であることを確かめることにより行うことを原則とする．ただし，凍結融解試験における相対動弾性係数の特性値が90%以上の場合には，この照査を行わなくてよい．

$$\gamma_i \frac{E_{min}}{E_d} \leq 1.0 \qquad (3.5.1)$$

ここに，γ_i　：一般に1.0～1.1としてよい．

　　　　E_d　：凍結融解試験における相対動弾性係数の設計値

　　　　　　　＝ E_k / γ_c

　　　　E_k　：凍結融解試験における相対動弾性係数の特性値

　　　　γ_c　：コンクリートの材料係数．一般に1.0としてよい．ただし，上面の部位に関しては1.3と

するのがよい.

E_{min}：凍害に関する性能を満足するための凍結融解試験における相対動弾性係数の最小限界値.一般に表 3.5.1 によってよい.

表 3.5.1　凍害に関するコンクリート構造物の性能を満足するための
凍結融解試験における相対動弾性係数の最小限界値 E_{min}（%）

構造物の露出状態	気象条件 断面	凍結融解がしばしば繰り返される場合		氷点下の気温となることがまれな場合	
		薄い場合 [2]	一般の場合	薄い場合	一般の場合
(1) 連続して，あるいはしばしば水で飽和される場合 [1]		85	70	85	60
(2) 普通の露出状態にあり (1) に属さない場合		70	60	70	60

　1)　水面に近く水で飽和される部分，および水面から離れてはいるが融雪，流水，水しぶき等のため水で飽和される部分等.
　2)　断面の厚さが 20cm 程度以下の部分等.

（3）凍結防止剤や海水などによる塩化物の影響を受ける構造物の場合には，相対動弾性係数による照査に加えて，表面損傷（スケーリング）に対して照査を行うことを原則とする．表面損傷（スケーリング）に対する照査は，構造物表面のコンクリートが劣化を受けた場合に関して，コンクリートのスケーリング量の設計値 d_d とその限界値 d_{lim} の比に構造物係数 γ_i を乗じた値が，1.0 以下であることを確かめることにより行うことを原則とする.

$$\gamma_i \frac{d_d}{d_{lim}} \leq 1.0 \tag{3.5.2}$$

ここに，d_{lim}：コンクリートのスケーリング量の限界値（g/m²）

　　　　d_d　：コンクリートのスケーリング量の設計値（g/m²）

【解　説】　（1）および（2）について　混和材を大量に使用したコンクリートを凍結融解作用を受ける環境下の構造物に用いる場合は，凍害に対して照査を行う必要がある．凍害の照査は，一般のコンクリートと同様，2017 年制定コンクリート標準示方書［設計編：標準］2 編に準じて，凍結融解試験の結果として得られるコンクリートの相対動弾性係数の特性値から求めた設計値により照査を行ってよいこととした．この場合の凍結融解試験は，JIS A 1148:2010「コンクリートの凍結融解試験方法」に示される水中凍結融解試験方法（A 法）に基づき行うものとする．また，凍結融解試験の試験開始材齢は 28 日を標準とする．なお，コンクリート構造物が凍結融解作用を受けない環境下に設置される場合には，凍害に対する照査を行わなくてよい.

　混和材を大量に使用したコンクリートの耐凍害性は，混和材の種類や置換率により異なることから，原則として試験を行い確認する必要がある.

　解説 図 3.5.1 は「共同研究報告書」に示された，混和材を大量に使用したコンクリート（結合材の一部に普通または早強ポルトランドセメントを使用）の凍結融解試験結果から，耐久性指数と水結合材比の関係を示している．水結合材比は 35.0～43.4%，空気量は 4.0～5.8%の範囲内で検討されており，概ね高い耐凍害性を確保できることが確認されている．しかし，水結合材比 35%でも空気量が 4.0～4.5%では耐久性指数が低い結果となっており，空気量を 5.5%とすることで高い耐凍害性が確保されている．このことから，凍結融解作用を受ける環境下の一般の構造物に用いる場合は，6%程度の空気量を目標とするのがよい．なお，ここで

示した空気量は，耐凍害性を確保するための目安であり，コンクリート製造時の空気量は，製造から打込みに至る経時変化や運搬中の変動を考慮して設定することが重要である．混和材を大量に使用したコンクリートは，開発されてからの年数が短いこともあり，製造から施工に至るまでの空気量の変動に関するデータが少ないことから，事前に空気量の変動の程度を確認しておくことが望ましい．

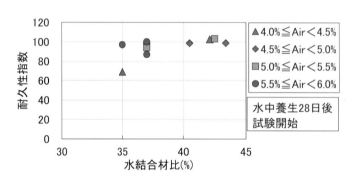

解説 図 3.5.1　各コンクリートの耐久性指数と水結合材比の関係（「共同研究報告書」のデータを用いて作成）

　混和材としてフライアッシュを用いる場合には，未燃炭素に AE 剤が吸着して空気連行性が低下することがあることから，微細で安定した良質な空気の確保が可能となる AE 剤を適切に選定する必要がある．また，結合材に普通または早強ポルトランドセメントを用いず，高炉スラグ微粉末と膨張材および消石灰を用いたコンクリートでは，良質な空気量の確保が可能となる AE 剤の選定とともに，空気量を 6.0%程度に設定することで高い耐凍害性が確保されることが確認されている．なお，適切な AE 剤の選定にあたっては，気泡間隔係数が 250μm 以下となるものを目安として選定するのがよい．

　解説 図 3.5.2 には，結合材として早強ポルトランドセメント（H）を 10%，高炉スラグ微粉末 4000（BFS）を 90%としたコンクリートの湿潤養生日数と耐久性指数の関係を示しているが，材齢初期の湿潤養生期間が短い場合には凍結融解抵抗性が低下することが確認されていることから，混和材を大量に使用したコンクリートでは湿潤養生を十分行う必要がある．

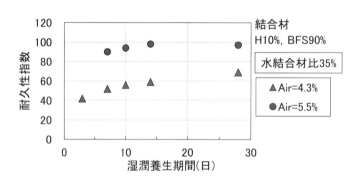

解説 図 3.5.2　湿潤養生日数と耐久性指数の関係（「共同研究報告書」のデータを用いて作成）

　(3) について　積雪寒冷地において，凍結防止剤を散布する道路構造物や海水の影響がある海岸構造物では，凍結融解により生じる表面損傷（スケーリング）が社会的な問題となっている．このため，このような条件下の構造物において，混和材を大量に使用したコンクリートを適用する場合には，スケーリングに対する性能の照査を行う必要がある．スケーリングに対する照査は，2017 年制定コンクリート標準示方書 [設

計編：標準] 2 編に準じて，凍結融解作用に伴うコンクリートの質量減少であるスケーリング量を指標とし，一面凍結融解試験による供試体表面の変状をもとに定めたスケーリング量の限界値に至らないことを照査することとした．

一方，現状においては，コンクリートの一面凍結融解試験の方法は JIS に規定されていない．しかし，コンクリートのスケーリングを対象とした試験方法である RILEM CDF 法，ASTM C 672 法，あるいは RILEM CDF 法を取り入れた「けい酸塩系表面含浸材の試験方法（案）（JSCE-K 572-2012）」（60 サイクルで評価）を利用することでスケーリング量を求めることができる．ただし，それぞれ試験条件や評価サイクル数などが異なっており，現状ではスケーリング量の限界値の統一的な基準がない．また，混和材を大量に使用したコンクリートでは，これまで塩化物と凍結融解が同時に作用する条件でのスケーリングに対する検討は行われていない．このため，種々の配合で作製された供試体の一面凍結融解試験終了後のスケーリングによる表面損傷の状況とスケーリング量の関係をデータとして蓄積し，一般のコンクリートで行われたスケーリングに関する既往の研究等も参考にして，対象の部材に必要とされるスケーリング量の限界値を定めるのがよい．

3.6　温度ひび割れに対する照査

（1）温度ひび割れに対する照査方法は，2017 年制定コンクリート標準示方書［設計編：本編］12 章および 2017 年制定コンクリート標準示方書［設計編：標準］6 編に従うことを標準とする．

（2）混和材を大量に使用したコンクリートの熱物性は，試験あるいは既往のデータに基づいて定めなければならない．

（3）温度応力解析には，自己収縮を考慮しなければならない．自己収縮ひずみは，試験あるいは既往のデータに基づいて定めなければならない．

（4）温度ひび割れに対する照査に用いるコンクリートの引張強度には，構造物中のコンクリートの引張強度を用いなければならない．構造物中のコンクリートの引張強度を割裂引張強度試験により定める場合には，施工条件や施工による影響を適切に考慮しなければならない．

（5）温度応力を計算するためのコンクリートの有効ヤング係数は，材齢や乾燥状態等の影響を考慮して定めることを標準とする．

【解　説】　（1）について　混和材を大量に使用したコンクリートは，結合材中のポルトランドセメントの割合が 30%以下で，水和発熱量が大幅に低減されたコンクリートであり，結合材の水和発熱に起因した温度ひび割れに対する抵抗性が高いと考えられる．しかし，結合材中のポルトランドセメントや混和材の種類や割合は多岐にわたり，その使用実績は十分でない．したがって，結合材の水和に起因した温度ひび割れの発生が懸念される場合には，温度応力解析を実施して温度ひび割れに対する照査を行うものとした．今後，同種構造物ならびに同種配合のコンクリートの施工実績が増加し，計画段階で温度ひび割れの発生を予測できるようになった場合には，実績によって評価してもよいものとする．

温度ひび割れに対する照査は，2017 年制定コンクリート標準示方書［設計編：本編］12 章に従い，水和に起因するひび割れを許容する場合には，ひび割れ幅が限界値以下であることを確認することによって照査を行い，結合材の水和に起因するひび割れの発生を許容しない場合には，ひび割れが発生しないことをひび割

れ発生確率により照査を行うことを基本とする．ひび割れ幅の限界値は，2017年制定コンクリート標準示方書［設計編：標準］2編3.1.2を参考に，物質の透過に対する抵抗性や使用性を考慮して定めるとよい．ひび割れ発生確率の限界値は，2017年制定コンクリート標準示方書［設計編：標準］6編2.1を参考に定めるとよい．

　（2）について　混和材を大量に使用したコンクリートの結合材の構成材料とその割合が様々であるため，熱物性値は試験により定めることを原則とするが，試験によらない場合は信頼できるデータから定めてよい．

　断熱温度上昇特性は，配合，打込み温度等も考慮して適切に断熱温度上昇特性を定める必要がある．実際に使用する材料を用いて測定された断熱温度上昇特性を使用するのが望ましい．結合材の構成の検討段階では，断熱温度上昇試験装置を用いると，試験実施期間を要し，得られるデータが限られるため，信頼できる手法による簡易断熱試験を実施して断熱温度上昇特性を推定してもよい．

　混和材を大量に使用したコンクリートは，凝結の始発が遅い傾向にあるため，断熱温度上昇特性を表現する式として，式（解 3.6.1）を適用することが望ましい．

$$Q(t) = Q_\infty \left(1 - e^{-r(t - t_0)} \right) \tag{解 3.6.1}$$

　ここに，$Q(t)$ は材齢 t 日における断熱温度上昇量（℃），Q_∞ は終局断熱温度上昇量，r は温度上昇速度，t_0 は温度上昇の原点に関する定数で，いずれも試験により定まる定数である．

　コンクリートの熱膨張係数は骨材の岩種やセメント種類の影響を受ける．2017年制定コンクリート標準示方書［設計編：本編］5.3.7では，ポルトランドセメントを用いたコンクリートの熱膨張係数は 10×10^{-6}/℃であるのに対し，高炉セメントB種を用いたコンクリートの熱膨張係数は 12×10^{-6}/℃としている．混和材を大量に使用したコンクリートも，結合材に高炉スラグ微粉末を多く使用しており，試験で得られた熱膨張係数は $9.9 \sim 12.8 \times 10^{-6}$/℃であったことから高炉セメントB種と同様に 12×10^{-6}/℃を使用してよい．

　熱伝導率，熱拡散率，比熱等の熱物性値は，2017年制定コンクリート標準示方書［設計編：標準］6編5.2.1を参考に定めてもよい．

　（3）について　混和材を大量に使用したコンクリートは高炉スラグ微粉末を多く使用しており，自己収縮ひずみが大きい傾向にある．したがって，温度応力解析には自己収縮ひずみを考慮しなければならない．自己収縮ひずみの推定式は，適切な試験に基づいて定めるものとする．なお，せっこうにより水和初期の膨張挙動を示す場合は，収縮成分と膨張成分のひずみを，式（解 3.6.2）および式（解 3.6.3）のように表現するとよい．

$$\varepsilon_{sh}(t') = -\varepsilon_{sh\infty} \left[1 - \exp\left\{ -a_{sh}(t' - t_0)^{b_{sh}} \right\} \right] \tag{解 3.6.2}$$

$$\varepsilon_{ex}(t') = -\varepsilon_{ex\infty} \left[1 - \exp\left\{ -a_{ex}(t' - t_0)^{b_{ex}} \right\} \right] \tag{解 3.6.3}$$

ここに，　t'　　　　　　：有効材齢（日）

　　　　　$\varepsilon_{sh}(t')$　　　：有効材齢 t' 日までの自己収縮ひずみの収縮成分（$\times 10^{-6}$）

　　　　　$\varepsilon_{sh\infty}$　　　：自己収縮ひずみの収縮成分の最終値（$\times 10^{-6}$）

　　　　　a_{sh} および b_{sh}：自己収縮ひずみの収縮成分の係数

　　　　　t_0　　　　　：凝結の始発（日）

　　　　　$\varepsilon_{ex}(t')$　　　：有効材齢 t' 日までの自己収縮ひずみの膨張成分（$\times 10^{-6}$）

　　　　　$\varepsilon_{ex\infty}$　　　：自己収縮ひずみの膨張成分の最終値（$\times 10^{-6}$）

　　　　　a_{ex} および b_{ex}：自己収縮ひずみの膨張成分の係数

（4）について　構造物中のコンクリートの引張強度は，乾燥状態，載荷速度および寸法の相違等により，小型で湿潤な供試体を用いた引張試験で得られた値とは異なり，製造時のばらつきと施工の影響を大きく受ける．2017年制定コンクリート標準示方書［設計編：標準］6編 **図2.1.1**の安全係数 γ_{cr} は，ひび割れ指数の算出に構造物中のコンクリートの引張強度を用いて定めたものである．したがって，ひび割れ指数の算定に用いるコンクリートの引張強度には，構造物中のコンクリートの引張強度を用いる必要がある．また，構造物のひび割れ指数の算定に用いる構造物中のコンクリートの引張強度は，供試体を用いた割裂引張強度試験により定めた引張強度と，一般的な施工条件や標準的な施工による影響を受けた構造物中のコンクリートの引張強度との差異を考慮して推定する必要がある．一般に，一般的な施工条件や標準的な施工による影響を受けた構造物中のコンクリートの引張強度は，JIS A 1113:2006「コンクリートの割裂引張強度試験方法」による供試体の割裂引張強度からは2割程度低減した値であると考えられる．一般的な施工条件や標準的な施工による影響を受けた構造物中のコンクリートの引張強度の材齢に伴う変化は，一般にその圧縮強度から推定でき，式（解 3.6.4）のように表現することができる．

$$f_{tk}(t') = c_1 \cdot f_c'(t')^{c_2}$$

（解 3.6.4）

ここに，$f_{tk}(t')$：有効材齢 t' 日におけるコンクリートの引張強度（N/mm²）

$f_c'(t')$：有効材齢 t' 日におけるコンクリートの圧縮強度（N/mm²）

t'　：有効材齢（日）

c_1, c_2：養生方法等によって定まる定数

有効材齢 t' は，温度の影響を考慮した等価材齢であり，式（解 3.6.5）を用いて求めるものとする．

$$t' = \sum_{i=1}^{n} \Delta t_i \cdot \exp\left[13.65 - \frac{4000}{273 + T(\Delta t_i)/T_0}\right]$$

（解 3.6.5）

ここに，Δt_i　：温度が T（℃）である期間の日数（日）

$T(\Delta t_i)$：Δt_i の間継続するコンクリート温度（℃）

T_0　：1℃

2017年制定コンクリート標準示方書［設計編：標準］6編 5.1.1 では，c_1=0.13，c_2=0.85 を標準としているが，これらの係数は水中養生された供試体に基づいて定めたものであるので，水中養生と同等の養生ができない場合には適切に修正しなければならない．特に，混和材を大量に使用したコンクリートはこの係数よりも小さくなる場合もあり，温度応力解析に用いる引張強度は試験により確認することが望ましい．

（5）について　混和材を大量に使用したコンクリートの有効ヤング係数は，試験により定めることを原則とするが，2017年制定コンクリート標準示方書［設計編：標準］6編 5.1.2 に示される式（解 3.6.6）を用いてよい．

$$E_e(t') = \Phi_e(t') \times 6.3 \times 10^3 f_c'(t')^{0.45}$$

（解 3.6.6）

ここに，$E_e(t')$　：有効材齢 t' 日における有効ヤング係数（N/mm²）

$f_c'(t')$　：有効材齢 t' 日の圧縮強度（N/mm²）

$\Phi_e(t')$　：クリープの影響を考慮するためのヤング係数の低減係数

最高温度に達する有効材齢まで（ただし，複数リフト等で温度の増減が複数回生じる場合には，最初のピーク温度時の有効材齢まで）：$\Phi_e(t')$=0.42

最高温度に達する有効材齢＋1有効材齢（日）以降：$\Phi_e(t')$=0.65

最高温度に達する有効材齢後の1有効材齢（日）までは直線補間する．

4章 材料

4.1 一般

（1）材料は，品質が確かめられたものでなければならない．

（2）土木学会規準，または適用の範囲がコンクリートやモルタルあるいはセメントであることが示された JIS の品質規格に適合する材料は，品質が確かめられた材料であると判断してよい．

（3）（2）に該当しない材料を用いる場合には，フレッシュコンクリートおよび硬化コンクリートが所要の特性を有することを確認しなければならない．

【解　説】　<u>（1）について</u>　コンクリートを構成する材料の品質はフレッシュコンクリートおよび硬化コンクリートの特性に多大な影響を与えるため，所要の性能を有する構造物を構築するためには品質が確かめられた材料を用いる必要がある．

　<u>（2）について</u>　適用の範囲がコンクリートやモルタルあるいはセメントであることが示された JIS には，**解説　表** 4.1.1 に示すようなものがある．これらは所要の品質を有すると判断してよいが，これを用いて製造する混和材を大量に使用したコンクリートの配合は，コンクリート標準示方書が想定している配合とは異なるため，本指針（案）5 章に従って使用材料の各単位量を定めなければならない．

解説　表 4.1.1　混和材を大量に使用したコンクリートの
セメントと混和材の品質規格として適用する JIS の例

JIS	規格名称
JIS R 5210:2009	ポルトランドセメント
JIS R 9151:2009	セメント用天然せっこう
JIS A 6206:2013	コンクリート用高炉スラグ微粉末
JIS A 6201:2008	コンクリート用フライアッシュ
JIS A 6207:2011	コンクリート用シリカフューム
JIS A 6202:2008	コンクリート用膨張材
JIS A 5041:2009	コンクリート用砕石粉

　<u>（3）について</u>　（2）に該当しない材料を用いる場合には，実施工となるべく近い条件での試験の結果等を参考として，フレッシュコンクリートおよび硬化コンクリートが所要の特性を有することを確認する必要がある．また，（2）に該当しない材料はコンクリートとして使用することが想定されていない場合があるため，設計図書に記載されないようなコンクリートあるいは建設材料として有すべき基本的な特性を有することの確認を要する場合がある．これには例えば，有害成分の環境への浸出や放散の有無の確認などが考えられる．

4 章　材　料　　37

4.2　セメント

　JIS R 5210「ポルトランドセメント」に適合するセメントのうち，普通ポルトランドセメントおよび早強ポルトランドセメントを用いることを標準とする．

【解　説】　JIS R 5210:2009「ポルトランドセメント」に適合したポルトランドセメントのうち，混和材を大量に使用したコンクリートとして実績の多い普通ポルトランドセメントおよび早強ポルトランドセメントを用いることを標準とした．JIS R 5210 では6種類のポルトランドセメントの品質が規定されているが，ポルトランドセメントの種類はフレッシュコンクリートのワーカビリティー，硬化コンクリートの強度，劣化に対する抵抗性，物質の透過に対する抵抗性，ひび割れ抵抗性に多大な影響を与えるため，普通または早強以外のポルトランドセメントを使用する場合には，対象とする構造物の種別，施工条件，環境条件等を考慮して適切なポルトランドセメントを選定する必要がある．なお，JIS R 5210 に適合するポルトランドセメントには，少量混合成分として高炉スラグ微粉末やシリカ質混合材，フライアッシュ，石灰石が5%以下の割合で含まれるものがあるが，これらの少量混合成分については混合材または混和材としては考慮しないこととし，セメントクリンカーとして扱う．また，混合セメントの品質規格（JIS R 5211:2009「高炉セメント」，JIS R 5212:2009「シリカセメント」，JIS R 5213:2009「フライアッシュセメント」）では混合セメントに含まれる混合材の分量を規定しているが，一般に，市販されている混合セメントの混合材の分量は範囲で示されている．このため，結合材の一部として混合セメントを用いる場合には，製造者へのヒアリング等によって混合セメントに含まれる混合材の分量を明確にし，把握しておく必要がある．

4.3　練混ぜ水

　練混ぜ水は，「コンクリート用練混ぜ水の品質規格（JSCE-B 101）」または JIS A 5308「レディーミクストコンクリート」附属書 C に適合したものを用いる．

【解　説】　「コンクリート用練混ぜ水の品質規格（JSCE-B 101-1999）」または JIS A 5308:2017「レディーミクストコンクリート」附属書 C に適合した練混ぜ水を用いることを標準とした．ただし，回収水を用いる場合には，実施工となるべく近い条件での試験の結果等を参考として，フレッシュコンクリートおよび硬化コンクリートが所要の特性を有することを確認する必要がある．

4.4　混　和　材

（1）高炉スラグ微粉末は，JIS A 6206「コンクリート用高炉スラグ微粉末」に適合したもののうち，高炉スラグ微粉末4000を用いることを標準とする．

（2）フライアッシュは，JIS A 6201「コンクリート用フライアッシュ」に適合したもののうち，フライア

ッシュⅡ種を用いることを標準とする.

【解　説】　（1）について　高炉スラグ微粉末を用いる場合は，JIS A 6206:2013「コンクリート用高炉スラグ微粉末」に適合した高炉スラグ微粉末のうち，混和材を大量に使用したコンクリートとして実績があり製造量が比較的多く，調達が容易な高炉スラグ微粉末 4000（比表面積：3500 以上 5000cm²/g 未満）を標準とした．高炉スラグ微粉末中のせっこうについては，発熱特性や収縮特性，凝結時間および初期強度発現性などと関係していることから，事前にせっこうの添加の有無を確認し，せっこうの添加量が所定の精度で明らかな場合は，高炉スラグ微粉末とは区別して扱う必要がある．また，JIS A 6206 では，高炉スラグ微粉末 4000 のほか，高炉スラグ微粉末 3000，高炉スラグ微粉末 6000，高炉スラグ微粉末 8000 の 3 種類の高炉スラグ微粉末の品質を規定している．これらは比表面積や活性度指数等が異なるため，混和材を大量に使用したコンクリートのワーカビリティー，強度，劣化に対する抵抗性，物質の透過に対する抵抗性，ひび割れ抵抗性に異なる影響を与える可能性があるが，混和材を大量に使用したコンクリートへの適用実績が少なく，その影響が明らかでないため，標準としなかった.

（2）について　フライアッシュを用いる場合は，JIS A 6201:2008「コンクリート用フライアッシュ」に適合するフライアッシュのうち，混和材を大量に使用したコンクリートとして実績があるフライアッシュⅡ種を用いることを標準とした．Ⅱ種以外のフライアッシュは，流通量が少なく，混和材を大量に使用したコンクリートでの実績がないことから，標準としなかった.

4.5　化学混和剤

化学混和剤は，JIS A 6204「コンクリート用化学混和剤」に適合したものを用いることを標準とする.

【解　説】　JIS A 6204:2011「コンクリート用化学混和剤」に適合した化学混和剤（AE 減水剤，高性能減水剤，高性能 AE 減水剤，流動化剤，硬化促進剤）を用いることを標準とした．混和材を大量に使用したコンクリートでは，フレッシュ性状に及ぼす化学混和剤の効果が一般のコンクリートの場合と異なる傾向を示すことがある（詳細は 5.6.3 を参照）．このため，化学混和剤の選定と使用量の調整を行う際には，実施工となるべく近い条件での試験の結果等を参考として，フレッシュコンクリートおよび硬化コンクリートが所要の特性を有することを確認しておく必要がある.

最近では，混和材を大量に使用したコンクリートに対し，コンクリートのスランプ保持性を高めたり，粘性を低減できる AE 減水剤や高性能 AE 減水剤の開発も進んでおり，必要に応じて使用するとよい.

5章　配合設計

5.1　一　　般

　混和材を大量に使用したコンクリートの配合設計は，コンクリートが所要のワーカビリティー，設計基準強度，劣化に対する抵抗性，物質の透過に対する抵抗性およびひび割れ抵抗性を有するように，コンクリートの各施工段階のスランプ，配合強度，水結合材比等の配合条件を設定した上で，使用材料の各単位量を定めなければならない．

【解　説】　　この章では，混和材を大量に使用したコンクリートの配合を設定する際に配慮することが望ましい事項について示した．本指針（案）で取り扱う混和材を大量に使用したコンクリートは，2017年制定コンクリート標準示方書［施工編：施工標準］で対象とする標準的な施工方法によって施工することを想定しているが，コンクリート標準示方書が想定している材料や配合とは異なるため，一般のコンクリートと比べて異なる特性を示すものもある．そのため，所要のワーカビリティー，設計基準強度，劣化に対する抵抗性，物質の透過に対する抵抗性およびひび割れ抵抗性を満足するように，適切に配合条件を設定し，使用材料の単位量を決定する必要がある．

　混和材を大量に使用したコンクリートも，一般のコンクリートと同様に単位水量をできるだけ少なくすることが望ましい．しかし，一般のコンクリートに比べて所要の強度を得るために必要な水結合材比が小さくなるため，単位水量を過度に少なくすると粘性が大きくなり，打込みにおける作業性が著しく低下し，充填不良等を引き起こす可能性が高くなるとともに，スランプの経時的な低下が大きくなる場合があるため，単位水量は適切に設定する必要がある．また，充填性や圧送性に配慮することが重要であるため，施工条件および施工方法を考慮し，打込みの最小スランプ，荷卸しのスランプおよび練上がりの目標スランプを適切に設定する必要がある．

5.2　配合設計の手順

（1）混和材を大量に使用したコンクリートの配合設計にあたっては，設計図書に記載されたコンクリートの強度や劣化に対する抵抗性，物質の透過に対する抵抗性等に関する特性値を確認するとともに，配合条件の参考値を確認する．

（2）設計図書に記載された参考値に基づいて，配合条件を設定する．

（3）設定した配合条件に基づき，試し練りの基準となる暫定の配合を設定する．

（4）設定した暫定の配合を基に，実際に使用する材料を用いて試し練りを行ない，コンクリートが所要の品質を有していることを確認する．試し練りの結果，所要の品質を有していない場合は，使用材料の変更や配合条件を修正し，所要の品質が得られる配合を決定する．

【解　説】　　（1）について　　設計図書には，構造物の要求性能に基づいて設定されたコンクリートの設計基準強度や中性化速度係数，水分浸透速度係数，塩化物イオンに対する拡散係数，凍結融解試験における相対動弾性係数，収縮ひずみ等の特性値が記載されている．さらに，これまで実績のあるコンクリートの配合を用いる場合や施工段階において具体的に配合設計を行なう場合の参考として，粗骨材の最大寸法，荷卸しのスランプ，水セメント比，セメントの種類，単位セメント量，空気量等の参考値が記載されている．したがって，配合設計に際しては，まず設計図書に記載された特性値や参考値を確認する必要がある．

　　（2）について　　設計図書に記載された特性値や参考値に基づいて，混和材を大量に使用したコンクリートの結合材の種類および構成割合，粗骨材の最大寸法，打込みの最小スランプ，配合強度，水結合材比，空気量等の配合条件を設定する．ここで設定する配合条件は，ワーカビリティー，硬化コンクリートの強度，劣化に対する抵抗性および物質の透過に対する抵抗性等に多大な影響を及ぼすため，対象とする構造物の種別，施工条件，環境条件等を考慮して，適切に設定しなければならない．

　　（3）および（4）について　　設定した配合条件に基づいて，実際に使用する材料を用いた場合の暫定の配合を設定し，試し練りによって，その配合のコンクリートが所要の品質を満足することを確認する．

　　混和材を大量に使用したコンクリートの暫定の配合の設定手順は，(i) 単位水量の設定，(ii) 単位粉体量の設定，(iii) 細骨材率の設定，(iv) 化学混和剤の選定および使用量，(v) 配合の決定，の順とする．具体的な設定方法については，5.6 に記述されている．

　　試し練りの結果，所要の品質を満足しない場合には，まずは配合を修正し，再度試し練りを行なう．配合を修正するだけでは所要の品質を満足できない場合には，使用材料を変更し，所要の特性が得られるまで試し練りを繰り返す．試し練りによって，所定の流動性を確保するのに必要な単位水量が大幅に増加する場合には，使用する骨材を変更する，実積率の大きな骨材を用いる，粒度を調整する等，骨材の物理的性質について見直すことも重要である．また，AE 減水剤を使用したコンクリートで単位水量が上限値（175 kg/m^3，5.6.1 参照）を超える場合には，より減水効果の高い高性能 AE 減水剤に変更するなどして，単位水量を低減するのがよい．しかし，所要の品質を満足する配合を設定することが困難な場合には，可能な範囲で施工条件の見直しを行ない，再度，配合条件を再度設定し，(i) ～ (v) の手順で暫定の配合を決定する．

5.3　混和材を大量に使用したコンクリートの特性値の確認

　配合設計に先立ち，設計基準強度，劣化に対する抵抗性，物質の透過に対する抵抗性およびその他の品質に関して設計図書に記載された，混和材を大量に使用したコンクリートの特性値を確認する．

【解　説】　　混和材を大量に使用したコンクリートの配合設計において要求されるコンクリートの品質は，設計基準強度，劣化に対する抵抗性，物質の透過に対する抵抗性であり，必要に応じて水密性，水和発熱特性および収縮特性等が要求される．

　設計図書に記載されている設計基準強度に基づき，使用材料，製造設備，コンクリートの品質のばらつきの実績から配合強度や水結合材比等の配合条件を設定する．具体的な設定方法については，5.5.3 に記述されている．なお，構造物が完成するまでに想定される施工および完成直後の構造物の性能を保証するためには，その時点ごとで適切なコンクリートの強度発現性が要求される．特に型枠および支保工の取外しの際に

必要なコンクリートの強度は，打込み温度，環境温度等の影響を受けるので，6.9 を参照するとよい．

劣化に対する抵抗性や物質の透過に対する抵抗性に関する特性値には，水分浸透速度係数，中性化速度係数，塩化物イオンの拡散係数，凍結融解試験における相対動弾性係数，透水係数等がある．アルカリシリカ反応に対しては，供用期間中にアルカリシリカ反応が有害なレベルに達しないようにするためは，一般のコンクリートにおいては，①コンクリートのアルカリ総量の抑制，②アルカリシリカ反応抑制効果を持つ混合セメント B 種の使用，および③アルカリシリカ反応性試験で区分 A「無害」と判定される骨材の使用，のいずれかの対策を採用するが，混和材を大量に使用したコンクリートは，②の混合セメントの割合を超えて混和材が混和されているため，一般のコンクリートに比べてアルカリシリカ反応に対する抵抗性は，少なくとも劣ることはないと考えてよい．

5.4 混和材を大量に使用したコンクリートのワーカビリティー

設計図書に記載された参考値に基づき，実施工での環境条件や施工条件，使用材料に適応するように混和材を大量に使用したコンクリートのワーカビリティーを設定する．

【解 説】 一般に設計図書には，コンクリートのワーカビリティーに関する特性値は定められておらず，打込みの最小スランプ等が参考値として示されている．したがって，所要の性能を有するコンクリート構造物を構築するためには設計図書に記載された参考値を確認した上で，実施工での環境条件や施工条件，使用材料などを考慮して，運搬，打込み，締固め，仕上げ等の作業に適する充填性，圧送性，フレッシュ性状の保持性，凝結特性などのワーカビリティーを適切に設定する必要がある．混和材を大量に使用したコンクリートの充填性，圧送性，凝結特性については，2.2 に記したので，これを参考に設定する．

混和材を大量に使用したコンクリートは，一般のコンクリートと比較して所要の強度を得るためにその水結合材比が小さく，フレッシュコンクリートの粘性が高くなる傾向にあるため，充填性や圧送性に影響を及ぼすことがある．そのため，施工条件および施工方法を考慮し，打込みの最小スランプ，荷卸しのスランプおよび練上がりの目標スランプを適切に設定する．また，必要に応じて事前に試験を実施するなど圧送性や充填性の確認を行うことが望ましい．

凝結特性は，結合材に含まれる単位セメント量が少ないため，一般のコンクリートよりも凝結の始発時間や終結時間が遅くなる傾向にある．凝結時間は打込み時期や打込み温度等により変化するため，必要に応じて試験などを行い，許容打重ね時間間隔や仕上げ時期などを決定する必要がある．

5.5 配合条件の設定

5.5.1 一 般

設計図書に記載された参考値に基づいて，配合条件を適切に設定する．

【解 説】 設計図書に記載されたコンクリートの設計基準強度や劣化に対する抵抗性，物質の透過に対す

る抵抗性等に関する特性値,配合条件の参考値,および5.4に従って設定したワーカビリティーに基づいて,結合材の種類および構成割合,粗骨材の最大寸法,配合強度,水結合材比,荷卸しのスランプ,空気量等の混和材を大量に使用したコンクリートの配合条件を設定する.粗骨材の最大寸法,配合強度および空気量は,2017年制定コンクリート標準示方書［施工編：施工標準］4.5に従い,設定することができる.結合材の種類および構成割合,水結合材比および各段階のスランプは,混和材を大量に使用したコンクリートの特性を考慮して,以下の5.5.2〜5.5.4に従って設定する.

5.5.2　結合材の種類および構成割合

　混和材を大量に使用したコンクリートに用いる結合材を構成する材料および構成割合は,フレッシュコンクリートおよび硬化コンクリートが所要の品質を満足するよう,適切に設定する.

【解　説】　結合材は,セメントと,高炉スラグ微粉末,フライアッシュ,シリカフューム等の混和材で構成される.結合材の種類および構成割合には,多種多様な組合せが存在する.これらの組合せはフレッシュコンクリートのワーカビリティー,硬化コンクリートの強度,劣化に対する抵抗性および物質の透過に対する抵抗性等に多大な影響を及ぼすため,対象とする構造物の種別,施工条件,環境条件等を考慮して,結合材の種類および構成割合を適切に設定する必要がある.なお,結合材の構成割合については,質量%として取扱うものとする.

　混和材を大量に使用したコンクリートは,一般に,組織が緻密になり,塩害やアルカリシリカ反応の抑制対策として有効である.一方で,一般のコンクリートと比較して,コンクリートの中性化に対する抵抗性は低下する可能性が高い.したがって,コンクリートの中性化が懸念される場合には,施工実績や試験の結果等に基づいて,所要の中性化に対する抵抗性を満足する水結合材比や結合材の種類および構成割合を設定する必要がある.また,一般のコンクリートより凝結が遅れ,若材齢における強度発現も小さくなる傾向にある.したがって,凝結を早めることが求められる場合や,気温が低く所要の初期強度を満足できないおそれがある場合には,セメントとして早強ポルトランドセメントを用いることも有効である.

5.5.3　水結合材比

（1）水結合材比は,コンクリートに要求される強度,コンクリートの劣化に対する抵抗性ならびに物質の透過に対する抵抗性等を考慮して,これらから定まる水結合材比のうちで最小の値を設定する.

（2）コンクリートの圧縮強度に基づいて水結合材比を定める場合は,以下の方法により定める.

　（a）圧縮強度と水結合材比の関係は,試験によってこれを定めることを原則とする.試験の材齢は28日を標準とする.ただし,試験の材齢は,使用する結合材の特性を勘案してこれ以外の材齢を定めてもよい.

　（b）配合に用いる水結合材比は,基準とした材齢における結合材水比（B/W）と圧縮強度f_cとの関係

式において，配合強度 f'_{cr} に対応する結合材水比の値の逆数とする．

【解 説】　（1）について　水結合材比の設定は，コンクリートの所要の強度，コンクリートの劣化に対する抵抗性ならびに物質の透過に対する抵抗性等から必要となる各々の水結合材比のうちで，最も小さい値とする．

　（2）について

　(a) 圧縮強度と水結合材比との関係　一般のコンクリートの配合と同様，混和材を大量に使用したコンクリートにおいても，結合材水比（B/W）と圧縮強度（f'_c）との関係は，ある程度の範囲内で直線関係になることが知られている．適切と思われる範囲内で3つ以上の異なった値の結合材水比のコンクリートについて材齢28日における強度試験を行い，B/W - f'_c 線を作成する．

　設計基準強度の材齢が28日以外の場合は，その材齢における強度で上記の関係を求める．ただし，その材齢と材齢28日における強度との関係が明らかな場合は，28日以外の材齢を基準に水結合材比を定めてよい．

　(b) 配合に用いる水結合材比　均質なコンクリートを造るためには，均質な材料を用い，これらを正確に計量して，十分に練り混ぜなければならないが，これらの作業を入念に行っても，コンクリートの品質がある程度変動することは避けられない．このため，構造物の設計において考慮した安全度を確保するためには，(a)で述べた結合材水比と圧縮強度の関係を利用する際の圧縮強度の値として配合強度を用いる必要がある．

5.5.4　スランプ

　（1）スランプは，運搬，打込み，締固め等の作業に適する範囲内で，充填性を確保できるように設定する．

　（2）打込みの最小スランプの目安は，構造物の種類，部材の種類と大きさ，鋼材量や鋼材の最小あき等の配筋条件，締固め作業高さ等の施工条件に基づき選定する．

　（3）荷卸しの目標スランプおよび練上がりの目標スランプは，打込みの最小スランプを基準として，これに荷卸しから打込みまでの現場内での運搬および時間経過に伴うスランプの低下，現場までの運搬に伴うスランプの低下，および製造段階での品質の許容差を考慮して設定する．

【解 説】　（1）および（2）について　コンクリートの密実な充填を確実に得るためには，打込み時に必要なスランプを確実に確保しておく必要がある．そのため，充填性を確保するための流動性は「打込みの最小スランプ」を基準とする．混和材を大量に使用したコンクリートの打込みの最小スランプは，構造条件として部材の種類や寸法，補強材（鉄筋，鋼材）の配置を考慮するとともに，施工条件として打込み方法（落下高さ，打込みの1層の高さ）や締固め方法（棒状バイブレータの種類，挿入間隔，挿入深さ，振動時間）を考慮して設定する．基本的には一般のコンクリートと同様に，2017年制定コンクリート標準示方書［施工編：施工標準］4.5.2 を参考に定めるとよい．しかし，一般のコンクリートと同一の強度で，同一のスランプとした混和材を大量に使用したコンクリートは，一般のコンクリートと比較して材料分離抵抗性が大きくなる傾向にある．特に，スランプが小さい範囲において流動性が小さくなるとともに，バイブレータ等による振動の伝播範囲が小さくなる場合があり，締固めの効果が小さくなり，締固め不足やそれによる未充填部

を生じることが懸念される．このような場合には，単位粉体量が多く材料分離抵抗性が大きくなることを考慮して，材料分離抵抗性を損なわない範囲で2017年制定コンクリート標準示方書［施工編：施工標準］4.5.2に示す打込みの最小スランプの目安よりも若干大きいスランプを設定する等の対応が考えられる．

　（3）について　**解説 図 5.5.1 a)** は，2017年制定コンクリート標準示方書［施工編：施工標準］4.4.1に示される各施工段階の設定スランプとスランプの経時変化の関係である．スランプはコンクリートの製造から打込みまでの時間経過や運搬等によって変化する．所定の打込みの最小スランプを満足するためには，運搬方法，練上がりから打込み終了までの時間，気温等を考慮して，練上がりおよび荷卸しのスランプを定める必要がある．なお，時間の経過や現場内での運搬にともなうスランプの低下は諸条件によって異なるため，施工条件を事前によく検討してスランプの低下を適切に見込むことが重要である．混和材を大量に使用したコンクリートのスランプは，コンクリート標準示方書が対象とする一般のコンクリートと同様の手順で設定することが可能である．ただし，混和材を大量に使用したコンクリートは水結合材比が小さく，単位粉体量が多いため，フレッシュコンクリートの粘性が高く，同一スランプの一般のコンクリートに比べて打込みにおける作業性が低下するとともに，圧送負荷が増大し，圧送性が低下する場合がある．このような場合には，充填性および圧送性への影響を考慮し，各段階のスランプを設定する必要がある．　**解説 図 5.5.1 b)** は，充填性と圧送性によるスランプ増加を考慮する場合の各施工段階の設定スランプとスランプの経時変化の関係を示す．混和材を大量に使用したコンクリートの単位粉体量が多く材料分離抵抗性が大きいことを考慮して，充填性を満足する範囲で打込みの最小スランプや荷卸し箇所のスランプを大きくする等の対応が考えられる．

　混和材を大量に使用したコンクリートの配合設計においては，2017年制定コンクリート標準示方書［施工編：施工標準］4.5.2を参照するとともに，以下の手順に従って，打込み，荷卸し，練上がりのスランプを設定する．

(手順1) 打込みの最小スランプの設定

　部材の種類，鋼材量や鋼材あき等の構造条件および打込み方法や締固め方法等の施工条件に応じて，型枠中に確実に充填するために必要な打込みの最小スランプを設定する．打込みの最小スランプの設定は，2017年制定コンクリート標準示方書［施工編：施工標準］4.5.2に示される打込みの最小スランプの目安を参考とするとよい．ただし，スランプが小さい範囲で，コンクリートの粘性が増して充填性が低下するおそれがある場合には，単位粉体量が多く材料分離抵抗性が大きくなることを考慮して，材料分離抵抗性を損なわない範囲で，若干大きいスランプを設定するとよい．なお，(手順2) で圧送性を考慮して荷卸しのスランプを大きくした場合には，打込みスランプの管理値も大きくなる．

(手順2) 荷卸しの目標スランプの設定

　打込みの最小スランプを基準に，圧送等の現場内での運搬に伴うスランプの低下，荷卸しから打込みまでの時間経過に伴うスランプの変化，および製造段階での品質のばらつきを考慮して，荷卸し箇所の目標スランプを定める．また，圧送性の低下が懸念される場合には，材料分離を損なわない範囲で荷卸しの目標スランプを大きく設定してもよい．

(手順3) 練上がりの目標スランプの設定

　練上がりの目標スランプは，荷卸し箇所までの場外運搬に伴うスランプの低下を考慮して定める．打込みの最小スランプに対して，練上がりや荷卸しの目標スランプが大きくなり，スランプ試験の適用範囲を超える場合には，スランプフロー試験による管理を取り入れるとよい．

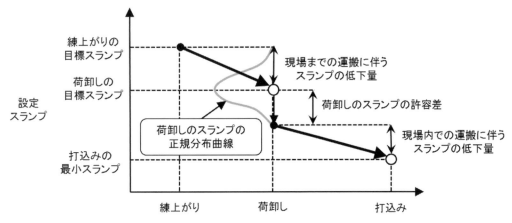

a) 一般のコンクリートと同様に扱える場合

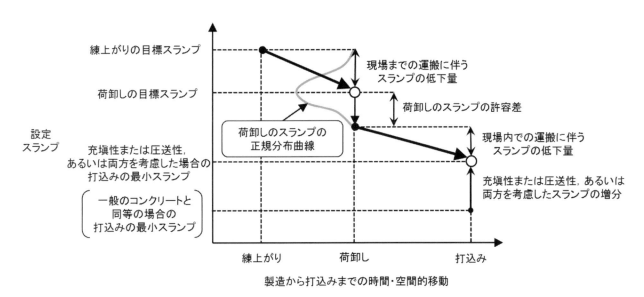

b) 充填性と圧送性によるスランプ増加を考慮する場合

解説 図 5.5.1　混和材を大量に使用したコンクリートの各施工段階の設定スランプとスランプの経時変化の関係

5.6　暫定の配合の設定

5.6.1　単位水量

混和材を大量に使用したコンクリートの単位水量の上限は 175kg/m³ を標準とする．

【解　説】　ひび割れが少なく，耐久性や水密性に優れたコンクリート構造物を構築するためには，運搬，打込み，締固め等の作業に適する範囲内で，できるだけ単位水量を小さくし，材料分離の少ないコンクリートを使用することが基本である．既往の実績では，混和材を大量に使用したコンクリートは，設計基準強度が同等なポルトランドセメントのみで配合されたコンクリートと比較して，同じフレッシュコンクリートの

特性を確保するために必要な単位水量は少なくなる．一方，混和材を大量に使用したコンクリートの方が一般のコンクリートと比較して単位粉体量が多くなり，コンクリートの粘性が高くなるため，単位水量を減じすぎた場合に，粘性の増加やスランプ保持性の低下を招き，ワーカビリティーを損なうことがある．

混和材を大量に使用したコンクリートの単位水量の上限値は，現段階では実績が少ないことを考慮して，2017年制定コンクリート標準示方書［施工編：施工標準］4.6.1に示される値と同等とした．なお，混和材を大量に使用したコンクリートの単位水量の実績は，163～175kg/m³ である．

5.6.2 単位粉体量

単位粉体量は，圧送および打込みに対して適切な範囲で設定する．

【解　説】　単位粉体量はコンクリートの材料分離抵抗性を左右する主要な配合要因であり，ワーカビリティーに影響を及ぼすため，適切に設定する必要がある．良好な充填性および圧送性を確保する観点から，2017年制定コンクリート標準示方書［施工編：施工標準］4.6.2では，粗骨材の最大寸法が 20～25mm の場合に少なくとも 270kg/m³ 以上（粗骨材の最大寸法が 40mm の場合は 250kg/m³ 以上）の単位粉体量を確保し，より望ましくは 300kg/m³ 以上とすることを推奨している．混和材を大量に使用したコンクリートの単位粉体量は，水結合材比と単位水量から定まるが，同程度の強度では一般のコンクリートと比較して多くなるため，単位粉体量の下限値については満足する場合がほとんどである．一方，単位粉体量が多すぎると，フレッシュコンクリートの粘性が高くなり，充填性や圧送性が低下することがある．このような場合には，単位粉体量が多く材料分離抵抗性が大きいことを考慮して，充填性および圧送性を満足する範囲で荷卸し箇所のスランプを大きくする等の対応が考えられる．また，コンクリートの圧送に困難が予想される場合には，適宜，試験圧送や「加圧ブリーディング試験方法（案）（JFCE-F 502-2013）」等の圧送性の評価試験を行うことが望ましい．

5.6.3 化学混和剤の選定および使用量

化学混和剤の選定および使用量は，所要の効果が得られるように試験によって定める．

【解　説】　混和材を大量に使用したコンクリートでは，所要のワーカビリティーを確保するために，高機能な AE 減水剤や高性能 AE 減水剤等の使用が必要となることが多い．

混和材を大量に使用したコンクリートのフレッシュ性状は，化学混和剤の種類や使用量によっては，（i）～（iv）のような傾向を示すことがあるため，その使用にあたっては，事前に実施工となるべく近い条件で試し練りを行い，化学混和剤の選定と使用量の調整を行い，フレッシュコンクリートの品質を確認しておくことが望ましい．

（i）解説 図 5.6.1 に示すように，混和材を大量に使用したコンクリートでは，単位水量一定条件において，一般のコンクリートと比較して化学混和剤の使用量が低下する．

（ii）混和材を大量に使用したコンクリートでは，フレッシュコンクリートの粘性が著しく高くなる場合や，

経過時間に伴い流動性が急激に低下する場合がある．

（iii）混和材を大量に使用したコンクリートでは，所要の空気量を確保するためのAE剤の使用量が増加する場合がある．

（iv）凝結遅延するタイプの減水剤の効果は，一般のコンクリートと同等と考えてよいが，使用量によってはブリーディング量が過大となる場合や凝結および硬化などが著しく遅延する場合がある．

最近では，**解説 図**5.6.2に示すように混和材を大量に使用したコンクリートに対して，フレッシュ性状の保持性能を高めたり，粘性を低減することができるAE減水剤や高性能AE減水剤の開発も進んでおり，必要に応じて使用するとよい．

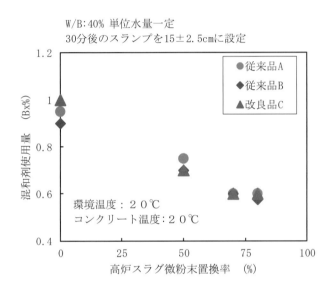

解説 図5.6.1　高炉スラグ微粉末の置換率と高性能AE減水剤使用量の関係

（30分後の目標スランプ：15±2.5cm）

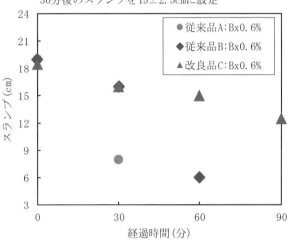

解説 図5.6.2　高性能AE減水剤の相違によるスランプの経時変化への影響

（W/B=40%，高炉スラグ微粉末の置換率70%）

5.7　試し練り

（1）配合条件を満足するコンクリートが得られるよう，試し練りによって，コンクリートの配合を定めなければならない．

（2）コンクリートの試し練りは，室内試験によることを標準とする．

【解　説】　（1）について　暫定的に設定した配合が所要の配合条件を満足することを確認するために，試し練りを行う．混和材を大量に使用したコンクリートでは，一般のコンクリートと比較して，練混ぜ後の時間の経過や環境温度，場内運搬方法等の違いが，フレッシュ時の特性に与える影響が大きい．このため，施工時の環境条件を考慮した上で，所要の品質が得られるように，あらかじめ試し練りを行い，配合を決定するものとする．

（2）について　コンクリートの配合を決定するには，品質が確かめられた各種材料を用いて，これらを正確に計量し，十分に練り混ぜる必要があるため，試し練りは室内試験によることを標準とした．ただし，室内試験におけるコンクリートの製造条件が実際の製造条件と相違する場合，製造後の時間経過に伴うコンクリートの品質変化を確認する場合には，室内試験とは別に実機ミキサによる試し練りを行うことが望ましい．

5.8　配合の表し方

　配合の表し方は，一般に**表5.8.1**によるものとし，スランプは標準として荷卸しの目標スランプを表示する．

表5.8.1　配合の表し方

粗骨材の最大寸法	スランプ[1]	空気量	水結合材比	細骨材率	単位量(kg/m³)				細骨材	粗骨材　G		混和剤[3]
					水	結合材　B						
						セメント	混和材[2]			mm〜mm	mm〜mm	
(mm)	(cm)	(%)	W/B (%)	s/a (%)	W	C	F		S	mm	mm	A

　注 1) 必要に応じて，打込みの最小スランプや練上がりの目標スランプを併記する．練上がり時点や荷卸し時点の管理をスランプフローで行う場合には，項目はスランプフローとする．

　注 2) 混和材の種類が2種類以上になる場合は，必要に応じて欄を増やして書き加える．また，混和材のうち，結合材と見なさない粉体を使用する場合には，必要に応じて結合材以外の場所に欄を増やして書き加える．

　注 3) 混和剤の単位量は，ml/m³，g/m³または結合材に対する質量百分率で表し，薄めたり溶かしたりしない原液の量を記述する．

【解　説】　配合は質量で表すことを原則とし，コンクリートの練上がり1m³当りに用いる各材料の単位量を表5.8.1のような配合表で示すものとする．配合表には，構造物の種類，設計基準強度，配合強度，結合材の構成割合，細骨材の粗粒率，粗骨材の種類，粗骨材の実積率，混和剤の種類，運搬時間，施工時期等についても記載しておくのが望ましい．また，配合表に記載するスランプは荷卸し箇所の目標スランプを標準とし，必要に応じて，練上がりの目標スランプや打込みの最小スランプを併記しておくのがよい．さらに，充填性や圧送性について，設定したスランプに応じた適切な材料分離抵抗性を有しているかどうかの目安として，単位セメント量と単位混和材量を合計した単位粉体量を併記しておくのがよい．AE減水剤や高性能AE減水剤の使用量は，一般的に単位粉体量に対する比率で定める場合が多いが，単位結合材量との間違いを避けるため，配合表には比率ではなく単位量で記述することとする．

6章　製造および施工　49

6章　製造および施工

6.1　一　　般

　混和材を大量に使用したコンクリートの製造および施工は，所要の品質を有するフレッシュコンクリートおよび硬化コンクリートが得られるように行わなければならない．

【解　説】　この章では，混和材を大量に使用したコンクリートの製造および施工の標準的な事項と配慮することが望ましい事項を示した．

　混和材を大量に使用したコンクリートのフレッシュコンクリートの特性は，使用したセメントおよび混和材の種類や混和材の置換率によって，一般のコンクリートと異なる傾向を示す場合がある．例えば，高炉スラグ微粉末の置換率が高いコンクリートは，コンクリートの粘性が高くなり，特に施工時の気温が高い場合に充填性や圧送性に及ぼす影響が顕著となる．また，フライアッシュを用いると，一般に，フライアッシュに含まれる未燃炭素がAE剤を吸着するため，AE剤の空気連行性が低下するか，あるいは安定した空気連行性が得られないなどの現象が生じ，所定の空気量を確保することが困難となる場合がある．所要の性能を有するコンクリート構造物を構築するためには，混和材を大量に使用したコンクリートの特性を把握した上で，コンクリートの製造および施工を適切に行う必要がある．

6.2　製造設備

　混和材を大量に使用したコンクリートの製造は，2017年制定コンクリート標準示方書［施工編：施工標準］5.2に基づく製造設備によって行わなければならない．

【解　説】　2017年制定コンクリート標準示方書［施工編：施工標準］5.2では，製造設備として貯蔵設備，計量設備およびミキサに求められる性能について記述している．混和材を大量に使用したコンクリートの製造は，一般のコンクリートを製造する際に用いる設備と同様のものを用いることができるが，以下の事項について注意が必要である．

　混和材を大量に使用したコンクリートの結合材は，一般の製造工場が常備している以外の粉体材料あるいはプレミックス材料を用いることが想定される．これらの材料の貯蔵は，コンクリートとしての計画製造量や計量設備の計量精度などを勘案し，製造工場が所有しているサイロを使用するあるいはサイロを増設するか，サイロを使用せずに袋詰めした結合材を使用するかを決定する．サイロに結合材を貯蔵する場合は，入れ間違いを防止するために材料種別を明示するとともに，納品業者に明示する種別の周知を行う必要がある．

　混和材を大量に使用したコンクリートは複数の結合材を用いること，コンクリートの粘性が高くなる場合があることから，練混ぜにはバッチ式の強制練りミキサを用いることが望ましい．

6.3 計　量

　混和材を大量に使用したコンクリートに用いる材料の計量は，原則として，1バッチ分ずつ質量で行い，かつ，計量誤差があらかじめ決められた範囲内となるように行わなければならない．

【解　説】　貯蔵された材料は，できるだけ安定した状態であることが望ましいが，骨材の表面水率や粒度は貯蔵の状態によって変動する場合も多い．また，貯蔵された材料の温度，外気温等によって練上がりのコンクリート温度は変化する．そのような様々な変動は，練上がりあるいは練上がり後のコンクリートのスランプや空気量にも影響を及ぼす．したがって，混和材を大量に使用したコンクリートにおいても，一般のコンクリートと同様に，フレッシュコンクリートおよび硬化コンクリートが所要の品質を有するよう，材料の計量は，それらの変動を適切に補正する必要がある．

　また，混和材を大量に使用したコンクリートでは，一般のコンクリートと比較して，結合材として用いる材料の種類が多くなること，ポルトランドセメントの使用量が少なく混和材の使用量が多くなることに留意して計量方法を決定するとよい．

　セメントおよび混和材の計量誤差については，JIS A 5308:2014「レディーミクストコンクリート」を参考に，1回計量分量の計量誤差をセメントで±1%，混和材で±2%（高炉スラグ微粉末で±1%）とするのがよい．ただし，混和材を大量に使用したコンクリートにおいては，セメントよりも混和材の計量値が大きくなるため，条件によってはセメントの計量誤差が大きくなる場合がある．このような場合は，コンクリートの品質を確認して適切な計量誤差を別途設定することが望ましい．

　セメントおよび混和材が袋詰めで供給される場合で，1袋の質量が記載質量に対してあらかじめ決められた計量誤差の範囲内にあることを確認した場合には，袋単位で計量を行ってよい．また，複数の結合材をプレミックスして用いる場合には，プレミックス後の材料の計量誤差を適切に設定することが望ましい．

　使用量が少ない粉体材料を累加計量する場合，計量誤差が大きくなるため，あらかじめ累加計量時の計量誤差を把握し，各材料が上記に示す計量誤差を満たすことを確認する必要がある．また，累加計量する場合でも，各々の材料の計量値を把握しておく必要がある．

6.4　練混ぜ

　混和材を大量に使用したコンクリートに用いる材料は，練上がり後のコンクリートが均質になるまで，所要の性能を有するミキサを用いて十分に練り混ぜなければならない．

【解　説】　混和材を大量に使用したコンクリートでは複数の結合材を用いること，高炉スラグ微粉末の置換率の高いコンクリートや水結合材比の小さいコンクリートでは粘性が高くなる場合があることから，バッチ式の強制練りミキサ等の所要の性能を有するミキサを用いて，練上がり後のコンクリートが均質になるまで十分に練り混ぜる必要がある．

　混和材を大量に使用したコンクリートでは，ポルトランドセメントのみを用いたコンクリートと比較して結合材の種類が多くなる．また，水結合材比が小さい等で粘性が高いコンクリートを練り混ぜる場合は，1バ

ッチあたりの練混ぜ量が多いと使用ミキサの練混ぜ能力を超えた負荷がかかる可能性も考えられる．そのため，試し練りによって材料の投入順序，練混ぜ時間および1バッチあたりの練混ぜ量を決定しておくとよい．練混ぜ時間については，一般のコンクリートと比較して多少長めにすることが望ましい．

6.5 運　搬

（1）　混和材を大量に使用したコンクリートの現場までの運搬は，荷卸しが容易で，運搬中に材料分離が生じにくく，スランプや空気量等の変化が小さい方法で行わなければならない．

（2）　混和材を大量に使用したコンクリートの圧送にあたっては，圧送後のコンクリートの品質とコンクリートの圧送性を考慮し，コンクリートポンプの機種および台数，輸送管の径，配管の経路，吐出量等を決めなければならない．

【解　説】　（1）について　混和材を大量に使用したコンクリートでは，一般のコンクリートと比較して，スランプや空気量の低下の程度が大きくなる場合があること，また，この傾向は特に気温が高いと顕著に現れる場合があることから，荷卸し時に所要のワーカビリティーを確保できるよう配慮して運搬を行う必要がある．また，化学混和剤を用いてワーカビリティーを確保する場合には，実施工となるべく近い条件で試し練りを行い，化学混和剤の種類の選定と使用量の調整を行う必要がある．

　（2）について　混和材を大量に使用したコンクリートはフレッシュコンクリートの粘性が高くなり，圧送性が低下することがある．例えば，高炉スラグ微粉末の置換率の高いコンクリートを用いた夏期の厳しい条件下での圧送試験の一例では，吐出量26m³/h の高速圧送時で，管内圧力損失が $1.5～2.0×10^{-2}N/mm^2/m$ となり，コンクリートライブラリー135「コンクリートのポンプ施工指針［2012年版］」に示された同スランプの一般のコンクリートの管内圧力損失の標準値（およそ $0.7×10^{-2}N/mm^2/m$）に比べ2倍以上となった事例もある．そのため，コンクリートポンプを用いて圧送する場合には，圧送能力に十分に余裕を持ったポンプを使用し，ベント管，テーパー管やフレキシブルホースを可能な限り使用しないなどの圧送・配管計画を入念に検討する必要がある．また，圧送距離が長い場合などは必要に応じて実施工に近い条件で事前に圧送試験を行い，圧送の可否および圧送後のコンクリートの品質を確認することが望ましい．

6.6　打込みおよび締固め

　混和材を大量に使用したコンクリートは，コールドジョイントや材料分離が生じないよう連続して打ち込み，締め固めなければならない．

【解　説】　混和材を大量に使用したコンクリートのスランプ保持性や凝結特性は，結合材の種類および構成割合，水結合材比，化学混和剤の種類と使用量，コンクリートの温度，外気温等の影響を受ける．混和材を大量に使用したコンクリートの打込みにおいては，これらのことを総合的に勘案して施工計画を立案し，施工段階においては，打込み開始後は連続して作業を行い，締固めを行う必要がある．

　混和材を大量に使用したコンクリートでは，一般のコンクリートと比較して粘性が高くなること，スラン

プの経時的な低下の程度が大きくなることが懸念される．スランプの経時的な低下の程度が大きいコンクリートが配管内に長く留め置かれると閉塞の原因となりやすいことから注意が必要である．

このため，段取り替えの少ない打込み計画とするほか，昼休み等によりコンクリートの出荷が停止する間も，配管内のコンクリートを循環させるなどの対応が必要となる．さらに，気温の高い夏期は，配管にむしろをかけて散水冷却をするなど，配管内の温度が高温とならないような配慮が必要である．

また，水結合材比が小さいコンクリートでは，打込み後早い時期に表面のこわばりが発生しやすくなることから，コールドジョイントの発生を防止するために，打重ね時間間隔を短く設定するなどの配慮が必要である．

6.7 仕 上 げ

混和材を大量に用いたコンクリートの仕上げは，締固め後の適切な時期に行わなければならない．

【解 説】 混和材を大量に使用したコンクリートの凝結時間とブリーディング量は，一般のコンクリートとは異なる傾向を示す場合があるため，施工前に試験によって傾向を把握し，締固め後の適切な時期に仕上げを行う必要がある．また，混和材を大量に使用したコンクリートでは，ブリーディング量が少なくなり，コテ仕上げが困難になる場合がある．必要に応じて仕上げ補助剤等を用いてコンクリート表面の乾燥やこわばりを防ぐとよい．なお，仕上げ補助剤等の選定にあたっては，コンクリートの品質への影響や防水施工等の後工程への影響を確認する必要がある．

6.8 養 生

（1） 混和材を大量に使用したコンクリートの養生は，打込み後の一定期間，硬化に必要な湿潤状態および温度に保ち，硬化コンクリートが所要の品質を有するように行わなければならない．

（2） 硬化コンクリートが所要の品質を有するまでに必要となる湿潤養生期間は，試験等に基づいて設定する．

（3） 湿潤養生時のコンクリートの温度は，硬化コンクリートの品質が損なわれないよう，適切な温度に保たなければならない．

【解 説】 （1）について 混和材を大量に使用したコンクリートの品質は，湿潤養生期間や打込み後の温度履歴の影響を受けるため，硬化コンクリートの品質を確保し，かつ，構造物に所要の性能を付与するため，一般のコンクリートと同様に，打込み後の養生を適切に行う必要がある．

（2）について 2017年制定コンクリート標準示方書［施工編：施工標準］8.2では，セメントの種類と日平均気温ごとに，一般のコンクリートに対する湿潤養生期間の標準を示しているが，混和材の置換率をJIS規格の混合セメントC種以上としたコンクリートや複数の混和材を同時に使用したコンクリート等については，湿潤養生期間の標準は明確でない．このため，混和材を大量に使用したコンクリートの湿潤養生期間は，

硬化コンクリートの品質，すなわち，強度，劣化に対する抵抗性，物質の透過に対する抵抗性等に加えて，施工時と供用時に構造物が置かれる環境条件等を踏まえて求められる品質を明確にした上で所要の品質を確保できる湿潤養生期間を試験によって確認し，設定することを標準とした．ただし，試験の実績がある配合については，試験を省略することができる．

　(3) について　混和材を大量に使用したコンクリートの強度発現は，湿潤養生時のコンクリートの温度の影響を受けやすいため，打込み後から十分な硬化が進むまでは硬化に必要な温度に保ち，低温，高温，急激な温度変化等による有害な影響を受けないよう配慮する必要がある．冬期で気温が低い場合には，給熱養生や保温養生を行うことによって，湿潤養生時のコンクリートの温度を一定以上となるように制御することが望ましい．また，一般のコンクリートと比較して，初期材齢の強度発現が遅くなることがある．特に，初期材齢の平均温度が $10℃$ よりも低い状態が継続するような場合には，強度発現の遅延の程度が大きくなることが確認されている．このため，混和材を大量に使用したコンクリートの養生時の温度については，$10℃$ 以上に保つことが望ましい．

　一方，マスコンクリートでは，気温によっては温度ひび割れの発生リスクが高くなる場合があるため，温度ひび割れに対する抵抗性を適切に評価し，必要に応じて，温度ひび割れの発生を抑制するための対策を実施することが望ましい．

6.9　型枠および支保工の取外し

　混和材を大量に使用したコンクリートの型枠および支保工の取外しの時期は，コンクリートの強度，構造物の種類とその重要度，部材の受ける荷重，気温，天候等を考慮して，適切に定めなければならない．

【解　説】　混和材を大量に使用したコンクリートを用いた場合の型枠および支保工の取外しに必要なコンクリートの圧縮強度は，2017 年制定コンクリート標準示方書［施工編：施工標準］11.8 を参考にするとよい．ただし，混和材を大量に使用したコンクリートは，一般のコンクリートと比較して，初期材齢の強度発現が遅くなる場合がある．そのため，コンクリートが必要な強度に達する時期は，構造物に打ち込まれたコンクリートと同じ状態で養生を行ったコンクリート供試体の圧縮強度を基に設定することを標準とする．その際，供試体は構造物のコンクリートよりも外気温や乾燥の影響を受けやすいことから，供試体の養生方法に留意する必要がある．

7章　品質管理

7.1　一　　般

　混和材を大量に使用したコンクリートを用いて所定の品質を有するコンクリート構造物を造るため，使用材料の品質管理，コンクリートの品質管理ならびに施工の各段階の品質管理を適切に行わなければならない．

【解　説】　品質管理は，要求された品質を満足するコンクリート構造物を造るために行われる施工者の自主的な活動である．施工者自らが必要と判断されるものを適宜選定し，できるだけ経済的な方法により実施することが望ましい．混和材を大量に使用したコンクリートの品質管理には，使用する材料の品質管理，コンクリート製造時の品質管理ならびに施工の各段階の品質管理がある．安定した品質のコンクリートを供給し，特性のばらつきの小さな硬化コンクリートにより構造物を構築して要求性能を満足することが大切である．コンクリートに使用する材料の品質および製造のばらつきが大きいと，所定の品質のコンクリートを安定して供給することが困難になり，コンクリート構造物の性能に悪影響を及ぼすことにもなりかねない．しかしながら，現時点では混和材を大量に使用したコンクリートの適用実績は多くなく，経験の蓄積に欠けるため，品質管理は注意深く行う必要がある．品質管理の基本的な考え方は，2017年制定コンクリート標準示方書［施工編：施工標準］15章を参照するとよい．

　混和材を大量に使用したコンクリートは結合材の種類や構成が一般のコンクリートと異なり，混合する成分も増える傾向にある．また，本指針（案）4章に示されるように土木学会規準などの品質規格が適用されない材料の使用を許容している点にも留意して品質管理を行う必要がある．品質管理のためにコンクリート材料の受入れ検査を行う場合には，2017年制定コンクリート標準示方書［施工編：検査標準］3章を参照するとよい．

　混和材を大量に使用したコンクリートの製造は，6章に従って行い，バッチ間の変動が少なく，安定した品質のコンクリートを常に供給できるように配慮することが大切である．特に使用するレディーミクストコンクリート工場の常用品ではない材料を用いる場合に，サイロの増設やサイロ内の材料の入れ替えを行う際など，材料の入れ間違いがないよう管理しなければならない．また，計量の際には，材料の種類が多くなること，ポルトランドセメントの使用量が少なく混和材の使用量が多いことから，計量方法や計量誤差の設定を変更している場合があること，練混ぜの際には，一般のコンクリートの場合から1バッチあたりの練混ぜ量や練混ぜ時間を変更していることがあることに留意して品質管理を行う必要がある．品質管理のためにコンクリートの製造設備の検査を行う場合には，2017年制定コンクリート標準示方書［施工編：検査標準］4章を参照するとよい．また，混和材を大量に使用したコンクリートをレディーミクストコンクリートとして用いる場合には，品質管理のために，同5章を参照して受入れ検査を行うとよい．

　混和材を大量に使用したコンクリートでは，コンクリートの粘性が高くなること，スランプや空気量の経時的な低下の程度が大きくなることが懸念される．特にスランプの経時的な低下の程度が大きいコンクリートが配管内に長く留め置かれると閉塞の原因となりやすいことから，一般に運搬や圧送に際して入念な計画

がなされている．これらが確実に履行され，所定の品質のコンクリートが安定して得られるよう管理する必要がある．また，水結合材比が小さいコンクリートでは，打込み後早い時期に表面のこわばりが発生しやすくなることから，コールドジョイントの発生を防止するための打重ね時間間隔の調整や，コテ仕上げが困難になることを防ぐための仕上げ補助剤の使用が計画される場合がある．これらも同様に確実な履行により，所定の品質のコンクリートが安定して得られるよう管理する必要がある．また，養生期間や方法についても，一般のコンクリートと異なる場合があるので，留意して管理する必要がある．

8 章 記 録

8.1 一 般

混和材を大量に使用したコンクリートの記録は，2017 年制定コンクリート標準示方書［施工編：本編］7 章に準じて行う．

【解 説】 記録には設計図書，施工記録および検査記録があり，発注者はコンクリート構造物の維持管理のために，供用期間中，保管する．このうち，施工記録は施工者が作成するものであり，施工計画とそれに基づき実施した施工の内容が記録され，品質管理の結果も含まれる．施工記録の作成にあたっては 2017 年制定コンクリート標準示方書［施工編：施工標準］16 章を参考にするとよい．現時点では混和材を大量に使用したコンクリートの適用実績は多くなく，今後の普及のためには所定の性能を満足したコンクリート構造物の施工事例を蓄積していく必要がある．このため，施工記録は施工者から発注者に適切に引き渡さなければならない．また，検査記録は 2017 年制定コンクリート標準示方書［施工編：本編］6 章に規定されるように，発注者が記録するものである．検査記録の作成にあたっては 2017 年制定コンクリート標準示方書［施工編：検査標準］を参考にするとよい．

設計図書，施工記録および検査記録には，コンクリート構造物の初期状態に関する重要な情報を含むすべての情報が含まれており，構造物の供用期間中，その性能を保証するための基礎データとなり，維持管理を行う際の初期データとなる．また，混和材を大量に使用したコンクリートには環境負荷の低減効果が期待されている．この効果は，使用材料の種類や使用量，製造や施工に関わる使用機器とそれに投入したエネルギー量などを用いて評価することが一般的である．施工期間のみならず供用開始後においても，補修，補強工事などの追加工事や解体あるいは更新工事の際，また，評価手法の更新の際にこれらの情報を用いて環境負荷に関する評価を行うことが想定されるため，記録は建設時の重要な情報として構造物の供用期間中，保管する必要がある．供用が終了した後も構造物や部材等の再利用や解体後の再資源化等に備え，できるだけ長期間保管するとよい．

資　料　編

［資料編］　　57

1章　混和材を大量に使用したコンクリートの特徴

1.1　指針（案）作成の背景

　我が国は温室効果ガスの排出量の削減に関して，2015年，国連に「日本の約束草案」を提出した．2030年度の排出量を2013年度比で26%削減し，10億4,200万t-CO_2にすることを目標としている．その中で，非エネルギー起源のCO_2の削減策のひとつに"混合セメントの利用拡大"を掲げている．

　我が国のセメント産業は製造設備の改善や排熱の利用を進め，世界でもトップレベルの省エネルギーを達成しているが，ポルトランドセメントを1t製造すると約770kgのCO_2を排出する．このため，CO_2に代表される温室効果ガスの3～4%はセメント産業から排出されるといわれている．我が国でコンクリートを1m^3製造すると250～300kgのCO_2ガスを排出し，その9割以上がポルトランドセメントの製造に起因する．混合セメントに用いられる高炉スラグやフライアッシュのCO_2排出原単位は，我が国の場合，概ね20～30kg/tである．ポルトランドセメントと比較して非常に小さいため，セメントやコンクリートに混合してポルトランドセメントの使用量を減じるとCO_2排出量を削減できる．このため，"混合セメントの利用拡大"が温室効果ガスの排出抑制に関する施策のひとつとなる．

　「地球温暖化対策計画」（閣議決定，2016.5.13）の参考資料「地球温暖化対策計画における対策の削減量の根拠」によれば，混合セメントの生産シェアを2013年度の22.1%から2030年度に25.7%に引き上げ，38.8万tのCO_2を削減することを見込んでいる．公共工事では2000年に制定された「国等による環境物品等の調達の推進等に関する法律（グリーン購入法）」により混合セメントの使用が推進され，主にJIS R 5211の高炉セメントB種（高炉スラグの分量：30～60%）が用いられている．しかし，公共工事での調達率は2011年度には既に99.7%に達しており，さらに民間工事での普及も進んでいない．すなわち，2030年度における混合セメントの生産シェアの引き上げ幅は16%に過ぎないが，楽観はできない．経済産業省では混合セメントの国内外の利用実態調査や市場予測を行い，普及拡大策を検討している（例えば，セメント産業における省エネ製造プロセスの普及拡大方策に関する調査，2015.3）．国土交通省では建築基準整備促進事業として，2013～15年度にかけ，低炭素化を念頭に混合セメントを用いたコンクリートの品質規準等を検討している．また，土木学会では高炉セメントについて適用の進むB種に加え，さらに混和材を多く使用するC種（高炉スラグの分量：60～70%）の普及のため，コンクリートライブラリー151「高炉スラグ微粉末を用いたコンクリートの設計・施工指針」を改訂した．日本建築学会では「高炉セメントまたは高炉スラグ微粉末を用いた鉄筋コンクリート造建築物の設計・施工指針（案）」において"CO_2削減等級"を設け，より明確に高炉セメントの活用による環境への貢献を訴えている．また，これらの活動が共通の手法で評価できるよう，コンクリートとその構造物の環境負荷や便益を評価するISO 13315シリーズの検討が進み，国内にJIS Q 13315シリーズとして，順次，導入されている．

　民間では差別化のため大幅に環境負荷を低減できる技術が求められる．従来の混合セメントの枠組みを超え，ポルトランドセメントの使用割合を減じることや複数種の副産物を同時に混合することも有効である．これを踏まえ，混和材を大量に使用したコンクリートが開発されてきた．一般のコンクリートに対してポルトランドセメントの使用量が少なく，産業副産物に由来する混和材を大量に用いることから，温室効果ガス，資源，エネルギー消費の削減と副産物の利用量の増加が見込まれ，地球環境，地域環境に関する環境負荷の低減が期待される．さらに，水和発熱量が小さいことからマスコンクリートへの適用や，塩化物イオンの侵入抵抗性に優れることから沿岸構造物への適用が期待されている．さらに，アルカリシリカ反応に対する抵

抗性にも優れ，低品質の骨材が活用できるため，天然資源の有効利用や良質な骨材の遠距離運搬に係る環境負荷の低減にも有効であると考えられている．また，単独での適用だけでなく，ポルトランドセメントを多く使って高強度や高耐久を目指すコンクリートとの組合せにおいても効果が期待できる．例えば，超高強度コンクリートを橋梁に適用すると，形態をスリムにできることから資材量の削減による環境負荷の低減が期待できる．この場合，ポルトランドセメント量の増加と資材の削減量の収支が重要であり，超高強度を要しない部材に混和材を大量に使用したコンクリートを適用することで，構造物としての収支の改善を図ることができる．同様に，高耐久コンクリートの適用は将来における維持管理や更新に係る環境負荷の低減を期待できる．しかし，供用開始後に供用や維持管理の計画が変更されると，高耐久化のために建設時に追加した環境負荷が回収できないことがある．環境負荷の低減に優れるコンクリートの併用は初期の負荷の増加を補償し，リスク発生の回避に貢献する．

　混和材を大量に使用したコンクリートに用いるセメント（結合材）はポルトランドセメントの分量が 30% 以下であり，JIS のセメント規格には合致しないことが多いが，海外では CO_2 排出量の多いセメントクリンカーの生産を減らし，代替材料で置換した混合セメントの生産を優先しているため，このようなセメントも規格化されている．我が国のセメント生産量は年間 5,000 万 t 程度であるが，全世界の生産量は年間 40 億 t を超えている．JIS の枠を超えた海外の規格に相当するセメントやコンクリートについて技術開発や規準・規格類の整備を進めることは，今後の建設産業の事業展開の上でも有用であると思われる．なお，日本建設業連合会は施工段階の CO_2 排出を抑制するため，「建設業の環境自主行動計画」において混和材を大量に使用したコンクリートを含む「低炭素型コンクリートの普及に向けた取組み」を進めている．

　他方，国際社会では温室効果ガスの長期削減目標についても議論が進められている．基準年の設定など詳細は未定であるが，我が国は 2050 年に 80% の削減（年間 2.8 億 t 程度まで削減すること）を目指している．産業部門や農業部門では，原料の化学反応や生物の代謝等に関わる不可避な排出がある．2013 年度ではこのような不可避な温暖化ガスの排出量は，CO_2 に換算して 3.6 億 t の排出があったとされる（経済産業省：長期地球温暖化対策プラットフォーム報告書，2017.4.7）．これのみで長期目標の排出量を超えており，将来のエネルギー由来の排出量をゼロにすることを前提にしても 80% の削減を達成することは難しい．すなわち，エネルギーの供給構造を含めた大転換が必要となる．これまで，ポルトランドセメントを用いたコンクリートは安全・安心な構造物を大量に低コストで提供してきており，これを凌駕する材料の開発は容易ではない．しかし，2050 年までには社会の大きな転換が求められており，革新的な材料が実用化されるまでの間，混和材を大量に使用したコンクリートには，混合セメントの利用拡大施策における差別化技術として低炭素・循環型社会の構築に向けて大きな役割を果たすことが期待されている．

　本指針（案）は，国立研究開発法人土木研究所が 8 機関と共同で実施した「低炭素型セメント結合材の利用技術に関する研究」（2011〜15 年度）の成果に基づく設計・施工ガイドライン（案）（次項参照）に最新の知見を取り入れ，「コンクリート標準示方書」に準拠して混和材を大量に使用したコンクリートの普及に向けた規準として作成した．先進的な技術に対する厚い信頼の礎となることが期待されている．

[資 料 編]

1.2 共同研究報告書の概要

1.2.1 共同研究報告書について

　ポルトランドセメントの一部分あるいは大部分を高炉スラグ微粉末やフライアッシュ等の混和材で置き換えたコンクリートの利用は，低炭素社会の構築に向けた取組みのひとつとして注目されているが，実用化を進めるためには，信頼性の高い品質評価方法と適切な設計施工方法の確立が不可欠である．これを踏まえ，国立研究開発法人土木研究所は，平成 23 年 6 月から平成 28 年 3 月に，一般社団法人プレストレスト・コンクリート建設業協会，株式会社大林組，大成建設株式会社，前田建設工業株式会社，戸田建設株式会社，西松建設株式会社，鐵鋼スラグ協会，電源開発株式会社との共同研究「低炭素型セメント結合材の利用技術に関する研究」を実施した．この共同研究では，国内で一般的に用いられているセメントより混和材の置換率を高めて材料製造時の CO_2 排出量を削減した結合材を「低炭素型セメント結合材」と定義し，これを用いたコンクリート構造物の設計と施工の方法について検討した．この結果に基づき，低炭素型セメント結合材を用いたコンクリート構造物の設計および施工の原則と配慮することが望ましい事項を「低炭素型セメント結合材を用いたコンクリート構造物の設計・施工ガイドライン（案）」としてとりまとめ，対象とする結合材や構造物の種別ごとに設計および施工の標準的な方法を 6 編の「設計・施工マニュアル（案）」として提案した．本指針（案）では，このガイドライン（案）とマニュアル（案）を合わせた 7 編の報告書を「共同研究報告書」と称して，適宜，参照している．資料編においては以下のように記号を与え，出典を示した．なお，本編においては，**解説 図 2.5.1** は文献 I のデータを用いて作図し，同様に**解説 図 2.5.2〜図 2.5.3** は文献 IV のデータを用いて作図した．また，**解説 図 2.5.4** および**解説 図 3.4.2** は文献 I に掲載の図を転載したものである．

「共同研究報告書」

I) 　国立研究開発法人土木研究所・一般社団法人プレストレスト・コンクリート建設業協会・株式会社大林組・大成建設株式会社・前田建設工業株式会社・戸田建設株式会社・西松建設株式会社・鐵鋼スラグ協会・電源開発株式会社：低炭素型セメント結合材の利用技術に関する共同研究報告書（I）―低炭素型セメント結合材を用いたコンクリート構造物の設計・施工ガイドライン（案）―，共同研究報告書第 471 号，2016.1

II) 　国立研究開発法人土木研究所・一般社団法人プレストレスト・コンクリート建設業協会：低炭素型セメント結合材の利用技術に関する共同研究報告書（II）―混和材を用いたプレストレストコンクリート橋の設計・施工マニュアル（案）―，共同研究報告書第 472 号，2016.1

III) 　国立研究開発法人土木研究所・株式会社大林組：低炭素型セメント結合材の利用技術に関する共同研究報告書（III）―混和材を高含有した低炭素型のコンクリートの設計・施工マニュアル（案）―，共同研究報告書第 473 号，2016.1

IV) 　国立研究開発法人土木研究所・大成建設株式会社・前田建設工業株式会社：低炭素型セメント結合材の利用技術に関する共同研究報告書（IV）―多成分からなる結合材を用いた低炭素型のコンクリートの設計・施工マニュアル（案）―，共同研究報告書第 474 号，2016.1

V) 　国立研究開発法人土木研究所・戸田建設株式会社・西松建設株式会社：低炭素型セメント結合材の利用技術に関する共同研究報告書（V）―高炉スラグ微粉末を高含有した低炭素型のコンクリートの設計・施工マニュアル（案）―，共同研究報告書第 475 号，2016.1

VI) 国立研究開発法人土木研究所・大成建設株式会社：低炭素型セメント結合材の利用技術に関する共同研究報告書（VI）―高炉スラグ微粉末を結合材とした低炭素型のコンクリートの設計・施工マニュアル（案）―，共同研究報告書第476号，2016.1

VII) 国立研究開発法人土木研究所・電源開発株式会社：低炭素型セメント結合材の利用技術に関する共同研究報告書（VII）―フライアッシュコンクリートの基本的性状に関する検討―，共同研究報告書第487号，2017.2

1.2.2 共通暴露試験

前項に示した共同研究では，表面の変状の有無などの長期安定性の実環境での確認，中性化や塩化物イオンの侵入に関する実態の把握，およびこれらの結果の室内の促進試験との比較を主な目的として，つくば，新潟，沖縄の3ヶ所で共通暴露試験を実施した．つくばにある暴露場（茨城県つくば市南原（土木研究所内））は内陸にあり，主に中性化が作用する環境である．新潟の暴露場（新潟県上越市名立区（国道8号線沿））と沖縄の暴露場（沖縄県国頭郡大宜味村（国道58号線沿））は海岸沿いにあり，塩害環境にある．つくば，新潟および沖縄の暴露試験の状況を**写真1.2.1～写真1.2.3**に示す．

写真1.2.1　つくばでの共通暴露試験の状況

写真1.2.2　新潟での共通暴露試験の状況

[資 料 編]

写真1.2.3　沖縄での共通暴露試験の状況

暴露試験期間中の温度の測定値およびアメダスによる当該地区と近隣地域の湿度と降水量を図1.2.1〜図1.2.3に示す．

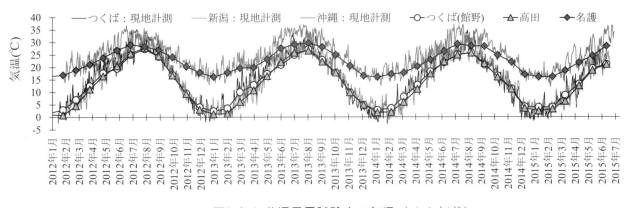

図1.2.1　共通暴露試験中の気温（Iから転載）

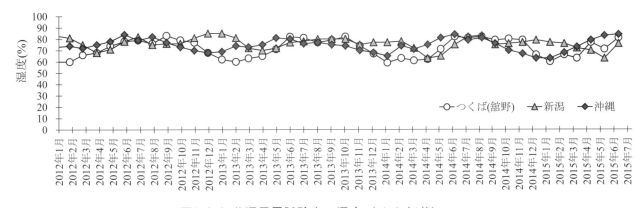

図1.2.2　共通暴露試験中の湿度（Iから転載）

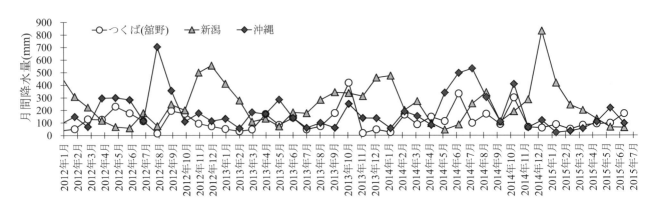

図1.2.3 共通暴露試験中の降水量（Iから転載）

［資 料 編］

1.3 材料と配合

　混和材を大量に使用したコンクリートの使用材料を**表 1.3.1** に，結合材の構成，配合例をそれぞれ**表 1.3.2 ～表 1.3.3** に示す．配合名は，配合シリーズを表す記号 A～E と番号 1，2，3，…を組み合わせて A-1，A-2，のように表す．配合シリーズ A～E は配合上の特徴は次のように表現することができる．なお，比較のため，混和材を大量に使用したコンクリートに該当しない配合にも採番し，掲載している．

　それぞれの配合シリーズや配合に関する情報の多くは，共同研究報告書 I～VI（資料編 p.59～60 参照）によるものである．また，複数の報告書を横断的に整理して示した場合もある．成果等を転載，引用，あるいは参考にした場合は，資料編 p.59～60 に示すローマ数字 I～VII により出典を明らかにした．なお，その他の参考文献については，節ごとにアラビア数字により文献番号を付して出典を示した．

　　　配合シリーズ A: ポルトランドセメントの 70～85%を主に高炉スラグ微粉末で置換したコンクリート[I]

　　　配合シリーズ B: ポルトランドセメントの 70～90%を 1～4 種類の混和材で置換したコンクリート[III]

　　　配合シリーズ C: ポルトランドセメントの 75%あるいは 90%を 2～3 種類の混和材で置換したコンクリート[IV]

　　　配合シリーズ D: ポルトランドセメントの 70～90%を高炉スラグ微粉末で置換したコンクリート[V]

　　　配合シリーズ E: ポルトランドセメントの使用量を"ゼロ"として高炉スラグ微粉末を主な結合材としたコンクリート[VI]

表 1.3.1　使用材料 [I, III-VI]

種類				記号	関連 JIS	配合	
						A	B
結合材	セメント	普通		N	R 5210	密度: 3.16 g/cm³, 比表面積: 3300 cm²/g	密度: 3.16 g/cm³, 比表面積: 3300 cm²/g
		早強		H	R 5210	—	—
	高炉スラグ 微粉末	4000		BS	A 6206	密度:2.89 g/cm³, 比表面積: 4400 cm²/g 無水せっこう添加 （SO₃＝2.19%）	密度:2.89 g/cm³, 比表面積: 4210 cm²/g せっこう添加 （SO₃ eq.＝2.19%）
	フライ アッシュ	II種		FA	A 6201	密度: 2.30 g/cm³, 比表面積:4280 cm²/g MB 吸着量 0.59 mg/g	密度: 2.30 g/cm³, 比表面積:4280 cm²/g MB 吸着量 0.59 mg/g
	シリカフューム			SF	A 6207	—	—
	無水せっこう			A	—	—	—
	膨張材			E	A 6202	—	—
	消石灰	特号		C	R 9001	—	—
粉体	石灰石微粉末			L	R 5210 A 5041		
水				W	A 5308 附属書 C	上水道水	上水道水
骨材	細骨材			S	A 5308 附属書 A A 5005	静岡県掛川産陸砂 密度: 2.56g/cm³, 吸水率: 2.23%	陸砂 密度 2.56 g/cm³ 吸水率 2.23%
	粗骨材			G	A 5308 附属書 A A5005	茨城県笠間産 5 号砕石 密度: 2.67g/cm³ 吸水率: 0.46% 茨城県笠間産 6 号砕石 密度: 2.67 g/cm³ 吸水率: 0.43% 5 号と 6 号を 1:1 で混合	砕石 密度 2.67 g/cm³ 吸水率 0.45%
混和剤	高性能 AE 減水剤			SP	A 6204	ポリカルボン酸エーテル系化 合物（W/B:35%）	記載なし
	減水剤・遅延形			—		—	—
	AE 減水剤			AE 減		リグニンスルホン酸化合物と ポリオールの複合体 （W/B:50%）	記載なし
	AE 剤			助剤		変性ロジン酸化合物系陰イオン界面活性剤（FA 不使用） 高アルキルカルボン酸系陰イオン界面活性剤と非イオン界面活性剤の複合体（FA 使用）	記載なし

表1.3.1　使用材料（つづき）[I, III-VI]

シ リ ー ズ

C	D	E
密度:3.16 g/cm³ 比表面積: 3300 cm²/g	密度:3.16 g/cm³ 比表面積: 3320 cm²/g	密度:3.16 g/cm³ 比表面積: 3200 cm²/g
密度:3.14 g/cm³ 比表面積: 4490cm²/g	密度:3.14 g/cm³ 比表面積: 4500 cm²/g	密度:3.14 g/cm³ 比表面積: 4490cm²/g
密度: 2.90 g/cm³ 比表面積: 4500 cm²/g せっこう無添加	密度: 2.89 g/cm³ 比表面積: 4400 cm²/g 無水せっこう添加 　（SO₃ eq.＝2.08%）	密度: 2.89 g/cm³ 比表面積: 4410 cm²/g 無水せっこう添加 　（SO₃＝2.08%）
密度: 2.30 g/cm³, 比表面積:4280 cm²/g MB 吸着量 0.59 mg/g	—	—
密度: 2.25 g/cm³, 比表面積: 16.5 m²/g	—	—
密度: 2.90 g/cm³, 比表面積: 3600 cm²/g	—	—
—	—	石灰系（標準使用量 30 kg/m³） 密度: 3.14 g/cm³ 比表面積: 3500 cm²/g
—	—	密度: 2.20 g/cm³, 600 μm 全通
—	—	密度: 2.65 g/cm³, 75 μm 篩 80%通過
上水道水（横浜市）	上水道水（茨城県つくば市）	上水道水
静岡県掛川産陸砂 密度:2.56g/cm³, 吸水率: 2.23%, 粗粒率: 2.80	静岡県掛川産陸砂 密度: 2.59g/cm³, 吸水率: 2.07%, 粗粒率: 2.75	静岡県掛川産陸砂 密度:2.56g/cm³, 吸水率: 2.23%, 粗粒率: 2.80
茨城県笠間産 5 号砕石 密度: 2.67g/cm³, 吸水率: 0.43%, 粗粒率: 7.12	茨城県笠間産 5 号砕石 密度: 2.66g/cm³, 吸水率: 0.43%, 粗粒率: 7.12 粒形判定実積率: 59.7%	茨城県笠間産 5 号砕石 密度: 2.67g/cm³, 吸水率: 0.43%, 粗粒率: 7.12
茨城県笠間産 6 号砕石 密度: 2.67g/cm³, 吸水率: 0.46%, 粗粒率: 6.16 5 号と 6 号を 1:1 で混合	茨城県笠間産 6 号砕石 密度: 2.67g/cm³, 吸水率: 0.46%, 粗粒率: 6.16 粒形判定実積率: 60.4% 5 号と 6 号を 1:1 で混合	茨城県笠間産 6 号砕石 密度: 2.67g/cm³, 吸水率: 0.46%, 粗粒率: 6.16 5 号と 6 号を 1:1 で混合
—	ポリカルボン酸系化合物, リグニンスルホン酸塩（高炉スラグ高含有用）	ポリカルボン酸系化合物と ポリオール複合体
—	—	—
リグニンスルホン酸化合物と ポリオール複合体（W/B: 45%以上） リグニンスルホン酸化合物と ポリカルボン酸エーテルの複合体 　（W/B: 45%未満）	リグニンスルホン酸塩,オキシカルボン酸塩とポリカルボン酸系化合物（標準形, 遅延形）	—
変性ロジン酸化合物系陰イオン界面活性剤（FA 不使用）	—	高アルキルカルボン酸系陰イオン界面活性剤と非イオン界面活性剤の複合体
高アルキルカルボン酸系陰イオン界面活性剤と非イオン界面活性剤の複合体（FA 使用）	—	ポリアルキレングリコール誘導体

表 1.3.2　混和材を大量に使用したコンクリートの粉体構成 [I, III-VI]

配合名 資料編での記号	W/B (%)	粉体：Pの構成割合（質量%）								
		結合材：B								
		N	H	BS	FA	SF	A	E	C	L
A-1	35	100	—	—	—	—	—	—	—	—
A-2	50		—	—	—	—	—	—	—	—
A-3	50	30	—	70	—	—	—	—	—	—
A-4			—	50	20	—	—	—	—	—
A-5	35	15		85	—	—	—	—	—	—
A-6	50				—	—	—	—	—	—
B-1	35	100	—	—	—	—	—	—	—	—
B-2	42		—	—	—	—	—	—	—	—
B-3	50		—	—	—	—	—	—	—	—
B-4	35	25	—	75	—	別途 5kg/m³ 添加	—	—	—	—
B-5	42		—		—		—	—	—	—
B-6	50		—		—		—	—	—	—
B-7	35	25	—	65	10	—	—	—	—	—
B-8	42		—			—	—	—	—	—
B-9	50		—			—	—	—	—	—
B-10	35	15	—	65	20	—	—	—	—	—
B-11	37	100	—	—	—	—	—	—	—	—
B-12		25	—	75	—	—	—	—	—	—
B-13			—	55	20	—	—	—	—	—
B-14		15	—	65	20	—	—	—	—	—
B-15			—		17.5	2.5	—	—	—	—
C-1	55	100	—	—	—	—	—	—	—	—
C-2	40.5	—	25	45	30	—	—	—	—	—
C-3	42.1	—			25	5	—	—	—	—
C-4	43.4	—					5	—	—	—
C-5	42.5	—	10	85	—	5	—	—	—	—
D-1	50	30	—	70	—	—	—	—	—	—
D-2	35	—	10	90	—	—	—	—	—	—
E-1	55	100	—	—	—	—	—	—	—	—
E-2	39.2	—	—	77	—	—	—		7	
E-3	39.2	—	4		—	—	—	7	3	9
E-4	40.8	—	4	80	—	—	—		—	

注：材料名を示す記号は**表 1.3.1** を参照.

［資 料 編］

表 1.3.3 混和材を大量に使用したコンクリートの配合例[I, III-VI]

配合名 (資料編での記号)	W/B (%)	単位量(kg/m³)											S	G
		W	粉体:P									L		
			結合材：B											
			N	H	BS	FA	SF	A	E	C				
A-1	35.0	165	471	—	—	—	—	—	—	—	—	713	968
A-2	50.0	165	330	—	—	—	—	—	—	—	—	827	968
A-3	50.0	165	99	—	231	—	—	—	—	—	—	810	968
A-4	50.0	165	99	—	165	66	—	—	—	—	—	795	968
A-5	35.0	165	71	—	401	—	—	—	—	—	—	682	968
A-6	50.0	165	50	—	281	—	—	—	—	—	—	806	968
B-1	35.0	165	471	—	—	—	—	—	—	—	—	712	968
B-2	42.0	165	393	—	—	—	—	—	—	—	—	776	968
B-3	50.0	165	330	—	—	—	—	—	—	—	—	827	968
B-4	35.0	160	114	—	343	—	5	—	—	—	—	705	968
B-5	42.0	160	95	—	286	—	5	—	—	—	—	771	968
B-6	50.0	160	80	—	240	—	5	—	—	—	—	824	968
B-7	35.0	155	111	—	288	44	—	—	—	—	—	726	968
B-8	42.0	155	92	—	240	37	—	—	—	—	—	792	968
B-9	50.0	155	78	—	202	31	—	—	—	—	—	844	968
B-10	35.0	155	64	—	279	86	—	—	—	—	—	738	968
B-11	37.0	160	432	—	—	—	—	—	—	—	—	828	903
B-12	37.0	149	101	—	302	—	—	—	—	—	—	858	903
B-13	37.0	137	93	—	204	74	—	—	—	—	—	896	903
B-14	37.0	137	56	—	241	74	—	—	—	—	—	893	903
B-15	37.0	135	55	—	237	64	9	—	—	—	—	904	903
C-1	55.0	165	300	—	—	—	—	—	—	—	—	810	1018
C-2	40.5	165	—	102	183	122	—	—	—	—	—	747	940
C-3	42.1	165	—	98	176	98	20	—	—	—	—	754	948
C-4	43.4	165	—	95	171	95	—	19	—	—	—	761	957
C-5	42.5	165	—	39	330	—	19	—	—	—	—	764	960
D-1	50.0	163	98	—	228	—	—	—	—	—	—	811	982
D-2	35.0	165	—	47	424	—	—	—	—	—	—	835	835
E-1	55.0	165	300	—	—	—	—	—	—	—	—	810	1018
E-2	39.2	155	—	—	333	—	—	—	30	32	37	736	930
E-3	39.2	155	—	17	333	—	—	—	30	15	37	717	961
E-4	40.8	155	—	17	333	—	—	—	30	—	37	725	972

注：材料名を示す記号は**表 1.3.1**を参照.

1.4 フレッシュ性状

1.4.1 スランプ，空気量

　混和材を大量に使用したコンクリートのスランプおよび空気量について，その事例をまとめる．コンクリートのスランプや空気量の調整，およびその保持には化学混和剤の適切な添加が有効である．混和材を大量に使用したコンクリートの多くは表1.3.1に示したように高炉スラグ微粉末を大量に用い，一般のコンクリートとは粉体の構成が異なるため，従来の化学混和剤では調整が難しい場合がある．配合シリーズDにおいて検討した例[v]を図1.4.1と図1.4.2に示す．化学混和剤の種類等により，スランプや空気量の保持性能や，環境温度に対する感度が異なり，適切な化学混和剤の選定が重要であることが確認された．

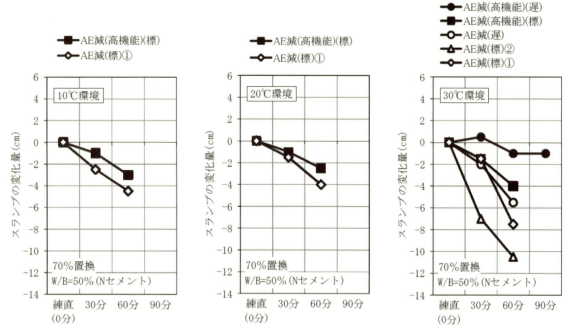

図1.4.1　化学混和剤の違いが配合シリーズDのスランプに与える影響（Vから転載）

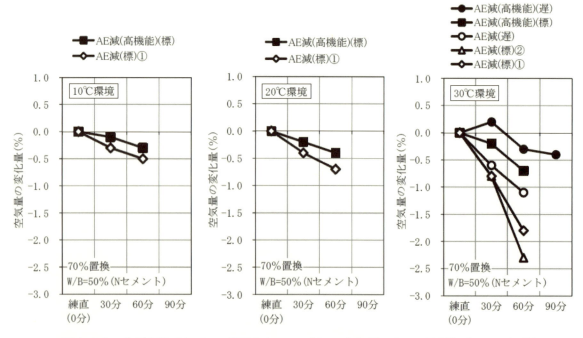

図1.4.2　化学混和剤の違いが配合シリーズDの空気量に与える影響（Vから転載）

［資 料 編］

　適切な化学混和剤を用いて，主にレディーミクストコンクリート工場で混和材を大量に使用したコンクリートを製造した場合のスランプと空気量について**表 1.4.1** にまとめる [IV-VI]．環境温度等の施工環境を考慮して配合設計を行うことで，所定の特性を有する混和材を大量に使用したコンクリートを製造できることが確認された．

表 1.4.1　混和材を大量に使用したコンクリートのスランプおよび空気量 [IV-VI]

| 配合名 | 評価項目※ | 測定結果等（スランプ：cm，空気量：%，温度：℃） | | | | | 摘要 |
		配合条件	0 分後	30 分後	60 分後	90 分後	
C-2	スランプ	15±2.5	15.5	14.0	13.5	—	施工事例 **表 2.4.7** 実機試し練り
	空気量	4.5±1.5	5.8	5.6	5.5	—	
	温度	—	26	26	26	—	
C-2	スランプ	15±2.5	16.0（1 バッチ）		13.0（2 バッチ）		施工事例 **表 2.4.7** 施工時
	空気量	4.5±1.5	6.0（1 バッチ）		5.9（2 バッチ）		
	温度	—	25（1 バッチ）		25（2 バッチ）		
C-2	スランプ	18±2.5	18.0	17.0	16.0	14.5	施工事例 **表 2.4.8** 施工時
	空気量	4.5±1.5	4.6	4.2	4.1	3.7	
	温度	—	—	—	—	—	
D-1 (10℃*)	スランプ	12±2.5	14.5	13.5	11.5	—	
	空気量	4.5±1.5	4.8	4.7	4.5	—	
	温度	—	11	11	10	—	
D-1 (20℃*)	スランプ	18±2.5	14.5	13.5	12.0	—	
	空気量	4.5±1.5	5.3	5.1	4.9	—	
	温度	—	20	20	19	—	
D-1 (30℃*)	スランプ	18±2.5	14.0	14.5	13.0	13.0	
	空気量	4.5±1.5	4.6	4.8	4.3	4.2	
	温度	—	29	29	29	29	
E-2[1] (冬期)	スランプ	15±2.5	19.0	16.5	15.5	13.5	施工事例 **表 2.4.12** 実機試し練り
	空気量	6.0±1.5	7.1	5.4	6.0	5.2	
	温度	—	12	13	13	14	
E-2 (冬期)	スランプ	15±2.5	13.5（1 バッチ）		16.0（2 バッチ）		施工事例 **表 2.4.12** 施工時
	空気量	6.0±1.5	4.9（1 バッチ）		5.5（2 バッチ）		
	温度	—	10（1 バッチ）		10（2 バッチ）		
E-2 (夏期)	スランプ	15±2.5	15.0	15.0	14.0	—	施工事例 **表 2.4.13** 実機試し練り
	空気量	6.0±1.5	5.2	4.9	4.8	—	
	温度	—	32	32	31	—	
E-2 (夏期)	スランプ	15±2.5	14.5（1 バッチ）	12.5（2 バッチ）		16.0（3 バッチ）	施工事例 **表 2.4.13** 施工時
	空気量	6.0±1.5	4.8（1 バッチ）	4.6（2 バッチ）		6.1（3 バッチ）	
	温度	—	30（1 バッチ）	32（2 バッチ）		34（3 バッチ）	
E-2 (夏期)	スランプ	18±2.5	18.0	19.5	17.5	—	施工事例 **表 2.4.14** 実機試し練り
	空気量	6.0±1.5	6.6	6.4	6.0	—	
	温度	—	29	29	29	—	
E-2 (夏期)	スランプ	18±2.5	19.0	19.5	19.0	—	施工事例 **表 2.4.14** 施工時
	空気量	6.0±1.5	6.6	5.4	5.5	—	
	温度	—	26	25	24	—	

　※：温度はコンクリート温度を指す．
　＊：環境温度を示す．
　—：設定なし，または，評価対象外であることを示す．

1.4.2 凝結特性

混和材を大量に使用したコンクリートは，ポルトランドセメントの分量が少ないため，一般には凝結が遅くなる傾向にあると思われる．一方でスランプや空気量に関する特性を確保するため，比較的多くの化学混和剤が添加される．早強ポルトランドセメントを高炉スラグ微粉末で置換する配合シリーズDのうち置換率を90%とするD-2について，化学混和剤の添加量を調整することで，所定のスランプと空気量を保ったまま高炉スラグ微粉末の置換率を変え，凝結特性を確認した結果を図1.4.3に示す[V]．高炉スラグ微粉末の置換率が0〜50%の場合には凝結特性に顕著な変化はみられないが，本指針（案）の対象である70%以上になると凝結の始発が早くなり，90%になると凝結の終結が遅れることを確認した．このように，結合材の構成や化学混和剤の成分等によって，置換率が高くなっても凝結が単純に遅延しない場合もあるため，配合の選定や施工の際には注意が必要である．

化学混和剤の種類や添加量は，スランプや空気量について所定の特性を確保することを優先して決めることも多く，化学混和剤の添加による凝結特性への影響は付随的である場合がある．環境温度の上昇により凝結特性が施工条件に合致しなくなった配合について，化学混和剤の「区分」を変更することで対応した事例を図1.4.4に示す[V]．配合D-1について，環境温度が10〜30℃の場合に所定のスランプと空気量が得られるよう化学混和剤とその添加量を選定したが，凝結特性を勘案すると環境温度が30℃の場合には凝結の始発，終結とも早く，施工には適さない状況であった．添加していたAE減水剤を「標準形」から「遅延形」に変更することで凝結を適度に遅延させることができ，施工条件に適うように改善できることを確認した．混和材を大量に使用したコンクリートに用いられる結合材や化学混和剤は多様であるため，いずれの配合においても化学混和剤の「区分」の変更による対応が有効であるか，不明な点はあるが，先行事例のひとつとして参考として示す．

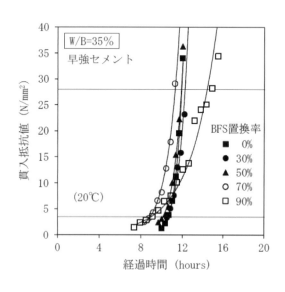

図1.4.3 配合シリーズDにおける
高炉スラグ微粉末置換率が
凝結特性に与える影響
（Vから転載）

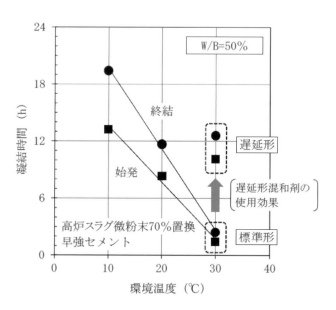

図1.4.4 配合D-1における
AE減水剤の「区分」変更による
凝結特性の調整
（Vから転載）

1.4.3 圧送性

混和材を大量に使用したコンクリートを圧送した事例について，**表 1.4.2** に示す．配合シリーズ B の場合には，14.4m³/h〜25.9m³/h の速度で圧送できることを確認している[1]．ただし，20m³/h を超えると管内圧力損失係数が大きくなり，一般のコンクリートの 2〜3 倍となった．これは W/C=30〜45% の高強度コンクリートの場合に相当する．表に示すように筒先でのワーカビリティーに問題はなかったため，この点を理解すれば良好に施工できることを確認した．

配合 C-2 では，圧送によるスランプの低下は 1cm 程度であり，良好に圧送できた[2]．管内圧力損失係数はスランプ 15cm の一般的なコンクリートと同程度であった．コンクリートライブラリー135「コンクリートのポンプ施工指針［2012 年版］」を活用して施工できることを確認した．

配合 E-2 では，圧送速度が 30m³/h 程度まではコンクリートのワーカビリティーを損なうことなく圧送できたが，圧送速度を 42.7m³/h にまで高めるとスランプの低下が 3cm 程度と大きくなった[3]．また，管内圧力損失係数は一般のコンクリートよりも大きく，スランプフローが 60〜70cm の高流動コンクリートに相当した．これらを踏まえ，圧送速度を 30m³/h として水平換算距離 103m の圧送を行い，良好に施工できたことを確認している．

混和材を大量に使用したコンクリートは，配合により管内圧力損失係数等に相違はみられるが，圧送速度が 30m³/h 程度までであれば良好に圧送できることを確認した．また，配合 C-2 のように，より圧送性の優れる配合も確認された．混和材を大量に使用したコンクリートは，スランプ等の特性が類似していても，圧送性は異なる場合もあるため，予め試験により確認しておくことが重要である．

なお，このほか共同研究報告書や資料編 **2.4** に記されているように，バケット等による運搬，打込みの事例があるが，スランプの調整など特別な対応は不要であったことを確認している．

表 1.4.2 混和材を大量に使用したコンクリートの圧送事例

配合名	圧送方法	配管径等	水平換算距離	スランプ（cm）		空気量（%）	
				圧送前	圧送後	圧送前	圧送後
配合シリーズ B[1]	配管	125A（一部，100A）	203m	22.5〜23.5	3.5〜4.0cm 低下	4.5 程度	明確な変化なし
C-2[2]	ポンプ車のブーム	5B→4B 圧送速度38.5m³/h	21.5m	20.5	21.5（35 分後）20.0（55 分後）	4.8	6.2（35 分後）5.5（55 分後）
	配管	5B→4B 圧送速度約 15m³/h	162m	19.5	18.5	5.7	5.8
E-2[3]	ポンプ車のブーム	圧送速度 15.5m³/h	50.5m	14.1	14.6	5.3	5.1
		圧送速度 29.6m³/h		15.5	13.8	5.5	5.1
		圧送速度 42.7m³/h		14.8	11.8	7.0	5.5
	配管	5B	103m	13.5	12.5	4.9	7.4

これらをまとめ，2017 年制定コンクリート標準示方書［施工編：施工標準］**表 4.5.6** と比較し，**表 1.4.3** に示す．スランプの低下の観点からは一般のコンクリートとほぼ同様な扱いが可能であるが，施工計画の立案や施工に際しては，ポンプの能力を考慮した上で，圧送速度に留意することが必要である．

表 1.4.3　施工条件に応じたスランプの低下の目安

圧送条件		スランプの低下量	
圧送距離（水平換算距離）	輸送管の接続条件	打込みの最小スランプが 12cm 以上の場合	
		示方書※	混和材を大量に使用したコンクリート
50m 未満（バケット等による運搬を含む）		（補正なし）	（補正なし）
50m 以上 150m 未満	—	（補正なし）	概ね同等（0.5〜1cm）
	テーパ管を使用し 100A（4B）以下の配管を接続	0.5〜1.0cm	
150m 以上 300m 未満	—	1.0cm	配合により，1〜4cm 程度
	テーパ管を使用し 100A（4B）以下の配管を接続	1.5cm	
その他の特殊条件下		実績等による	（実績なし）

※：2017年制定コンクリート標準示方書［施工編：施工標準］**表4.5.6**から引用

参考文献

1) 並木憲司，小林利光，溝渕麻子，一瀬賢一：混和材を高含有したコンクリートの基礎性状（その7　実大施工試験），日本建築学会大会学術講演梗概集，1436，pp.871-872，2012

2) 白根勇二，太田健司，大脇英司，中村英佑：低炭素型のコンクリートのフレッシュ性状および圧送性，土木学会第 72 回年次学術講演会講演概要集，V-358，pp.715-716，2017

3) 宮原茂禎，岡本礼子，荻野正貴，大脇英司，松元淳一，坂本淳，丸屋剛：冬期における環境配慮コンクリートの試験施工，土木学会第 69 回年次学術講演会講演概要集，V-193，pp.385-386，2014

[資 料 編] 73

1.5 養生および脱型

1.5.1 湿潤養生期間

　混和材を大量に使用したコンクリートについても，打込み後の養生は重要である．2017年制定コンクリート標準示方書［施工編：施工標準］8.2 では，セメントの種類と日平均気温ごとに一般のコンクリートに対する湿潤養生期間の標準を示しているが，混和材を大量に使用したコンクリートについては，湿潤養生期間の標準は明確でない．このため，本指針（案）では試験によって確認して設定することを標準とした．湿潤養生期間の設定事例を以降に示す．

　配合シリーズ C，D，E の事例 [IV-VI]をまとめた．混和材を大量に使用したコンクリートを用いて φ10cm×20cm の円柱試験体を20℃の室内で製作した．製作直後に試験体を5℃，10℃，20℃のいずれかの恒温室に移し，湿らせた養生マットで覆って定期的に散水して湿潤養生した．脱型は材齢3日で行った．なお，配合シリーズDは20℃，配合シリーズEは10℃と20℃の環境で実施した．対象とした配合と湿潤養生の期間を表1.5.1に示す．湿潤養生終了後は20℃，RH60%の恒温恒湿室で保管し，所定の材齢で JIS A 1108:2006「コンクリートの圧縮試験方法」に従って圧縮強度を測定した．比較用の試験体を20℃の水中で養生して作製し，同様に圧縮強度試験に供した．20℃の水中養生における材齢28日の圧縮強度を基準の圧縮強度とした．

表 1.5.1　養生温度と湿潤養生期間 [IV-VI]

結合材の構成	養生温度	湿潤養生期間	湿潤養生後から強度試験まで
Cシリーズ	5℃	湿潤 3 日	20℃，RH60%気中保管
		湿潤 12 日	
		湿潤 14 日	
		湿潤 21 日	
Eシリーズ	10℃	湿潤 3 日	20℃，RH60%気中保管
		湿潤 9 日	
		湿潤 14 日	
		湿潤 21 日	
Dシリーズ	20℃	湿潤 3 日	20℃，RH60%気中保管
		湿潤 7 日	
		湿潤 10 日	
		湿潤 14 日	
		湿潤 28 日　（配合シリーズ D のみ実施）	
	20℃	水中　　　（比較用）	

　日本建築学会「建築工事標準仕様書・同解説　JASS5　鉄筋コンクリート工事」（2015）は，混合セメントB種に相当するセメントを用いたコンクリートの湿潤養生期間を7日間以上とすることを規定している．また，湿潤養生を材齢7日まで行ったときの材齢28日の圧縮強度は，水中養生を28日継続した場合の基準の圧縮強度に対する比率（以降，基準値との比率）が，80%より若干高い程度であることが示されている．これを参考に，基準値との比率が80%を超えることを目安にして必要な湿潤養生期間を設定した．

　配合シリーズCについて，養生温度を5℃とした場合の各湿潤養生条件における基準値との比率を図1.5.1に示す [IV]．材齢3日まで湿潤養生を行った場合には，材齢28日における基準値との比率が80%を下回る配合物があった．一方，12日間の湿潤養生を行った場合には，いずれの配合においても材齢28日以降における基準値との比率が80%以上となった．このため，5℃における湿潤養生期間は12日間が適当と判断した．

74　　　　　　　　　　　　　　　C.L.152 混和材を大量に使用したコンクリート構造物の設計・施工指針（案）

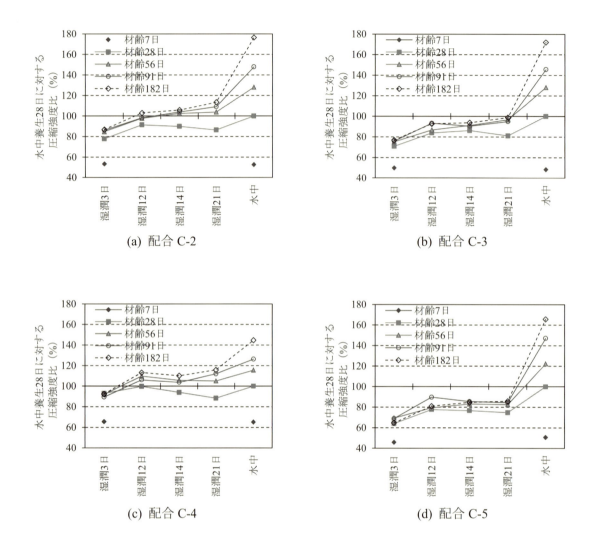

図 1.5.1 養生温度 5℃における湿潤養生期間と強度発現性（IV から転載）

　配合シリーズ C, E について，養生温度を 10℃とした場合の結果を**図 1.5.2** に示す[IV,VI]．湿潤養生期間を 3 日間とすると，材齢 28 日以降における基準値との比率が 80%を下回る場合があった．一方，湿潤養生期間を 9 日間とすると，いずれの配合においても材齢 28 日以降における基準値との比率が 80%以上となった．このため，10℃における湿潤養生期間は 9 日間が適当と判断した．

　配合シリーズ C, D, E について，養生温度を 20℃とした場合の結果を**図 1.5.3** に示す[IV-VI]．配合シリーズ C の場合には湿潤養生期間が 3 日間の場合には材齢 28 日における基準値との比率が 80%を下回る場合があったが，湿潤養生期間を 7 日間とするといずれの配合においても材齢 28 日以降における基準値との比率が概ね 80%以上となった．また，配合シリーズ D, E の場合には湿潤養生期間が 3 日間の場合には材齢 28 日における基準値との比率は 90%程度であり，湿潤養生期間を 7 日以上とすれば，材齢 28 日まで水中養生を継続した場合と同様な圧縮強度が得られた．これらを総合し，配合シリーズ C, D, E の 20℃における湿潤養生期間は 7 日間が適当と判断した．

[資 料 編]

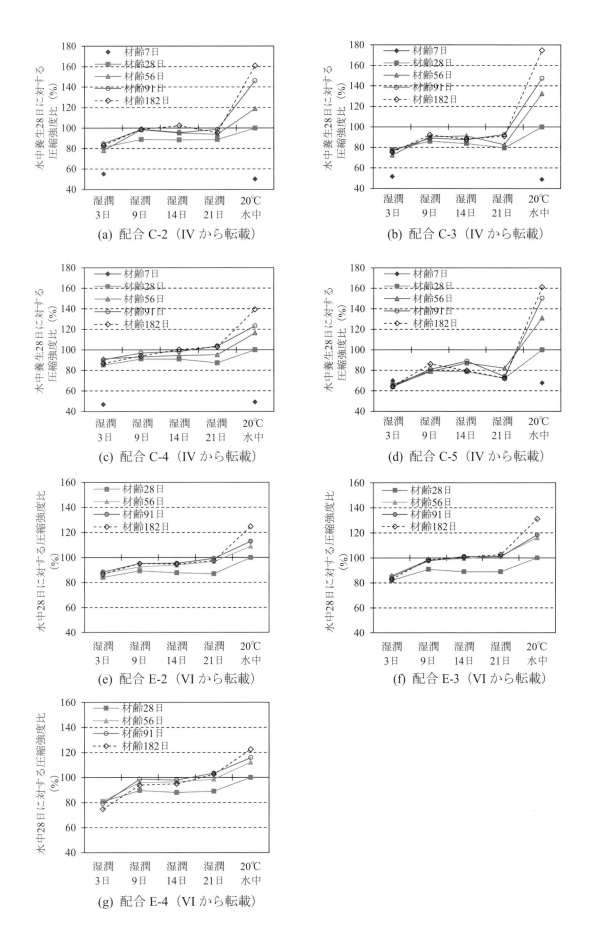

図 1.5.2 養生温度 10℃における湿潤養生期間と強度発現性

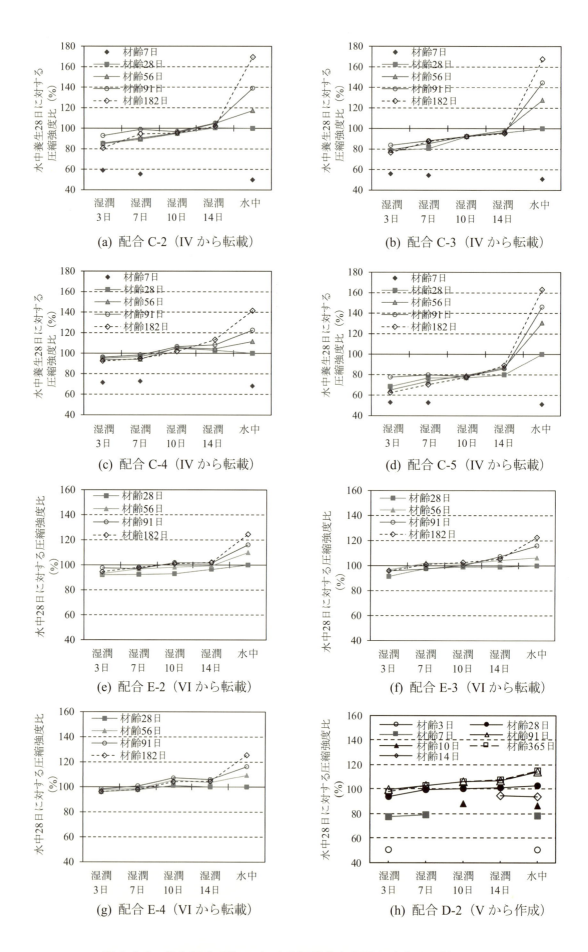

図1.5.3 養生温度20℃における湿潤養生期間と強度発現性

[資 料 編]

ここまでに示した試験結果に基づき，配合シリーズＣおよびＥにおいて5℃〜20℃の各温度で必要な湿潤養生期間を表1.5.2にまとめた．これは2017年制定コンクリート標準示方書［施工編：施工標準］8.2に示される混合セメントＢ種の湿潤養生期間の標準と等しく，配合シリーズＣおよびＥとして表される混和材を大量に使用したコンクリートの湿潤養生期間として設定した．なお，これらのコンクリートの強度が長期的に増進することは，2年間の共通暴露試験により確認している．また，配合シリーズＤにおいて，20℃で湿潤養生を7日以上継続すると水中養生を28日継続した場合と同様な強度が得られたことから，配合シリーズＤについても日平均気温が15℃以上の場合には，混合セメントＢ種の湿潤養生期間の標準と等しく，湿潤養生期間の標準を7日とすることができる．

表1.5.2　配合シリーズＣおよびＥの湿潤養生期間の標準

日平均気温	湿潤養生期間の標準
15℃以上	7日
10℃以上	9日
5℃以上	12日

強度発現の様子から湿潤養生期間を定めた事例を示した．他方，コンクリートには強度のほか劣化に対する抵抗性や物質の移動に対する抵抗性なども求められる．これらの観点から，以後の節や項において検討を行い，所定の品質が得られることを確認している．凍害に対する抵抗性については資料編1.7.1を，中性化に対する抵抗性については1.8.1を，塩化物イオンの侵入に対する抵抗性については1.8.2を参照願う．

1.5.2　脱型

コンクリート構造物の施工において，構造物への悪影響を避けること，および作業における安全確保の観点から型枠や支保工の取外し時期に注意を払うことも重要である．2017年制定コンクリート標準示方書［施工編：施工標準］11.8.には，型枠および支保工の取外し時に必要なコンクリートの圧縮強度の参考値が示されている（表1.5.3）．

表1.5.3　型枠および支保工を取り外してよい時期のコンクリートの圧縮強度の参考値

部材面の種類	例	コンクリートの圧縮強度（N/mm²）
厚い部材の鉛直または鉛直に近い面，傾いた上面，小さいアーチの外面	フーチングの側面	3.5
薄い部材の鉛直または鉛直に近い面，45°より急な傾きの下面，小さいアーチの内面	柱，壁，はりの側面	5.0
橋，建物等のスラブおよびはり，45°より緩い傾きの下面	スラブ，はりの底面，アーチの内面	14.0

2017年制定コンクリート標準示方書［施工編：施工標準］**解説 表**11.8.1を引用して掲載

混和材を大量に使用したコンクリートの初期の強度発現について，配合シリーズＢにて検討した事例を示す[III]．東京都および神奈川県の7箇所のレディーミクストコンクリート工場で，標準期（日平均気温が4〜25℃）に製造した配合シリーズＢのコンクリート（ポルトランドセメント25%，高炉スラグ微粉末75%）を

現場にて封かん養生を行ったときの材齢と強度の関係を図1.5.4に示す[III]．なお，試験期間中の平均外気温は11.1〜23.0℃であった．凡例のA〜Gはレディーミクストコンクリート工場の違いを示す．材齢1日の圧縮強度は水結合材比（W/B）の違いにより，それぞれ1.36〜8.30N/mm^2（W/B=44%），1.54〜9.70N/mm^2（同37%），1.57〜13.4N/mm^2（同30%）であった．また，材齢3日では13.9〜23.8N/mm^2（W/B44=%），20.2〜31.3N/mm^2（同37%），29.6〜40.3N/mm^2（同30%）であった．この結果を用い，表1.5.3を参考にして型枠および支保工を取り外してよい時期を定めることができる．ただし，この例のように，同一の配合ケースとして製造時期を標準期に限定しても，結合材の製造者や骨材の産地，ミキサの練混ぜ性能，環境温度等の違いにより初期の強度発現にばらつきがあることに留意が必要である．特に検討を行った季節と異なる季節でコンクリートの製造，施工を行う場合には，改めて事前の試し練り等を行い，初期強度を確認することが望ましい．

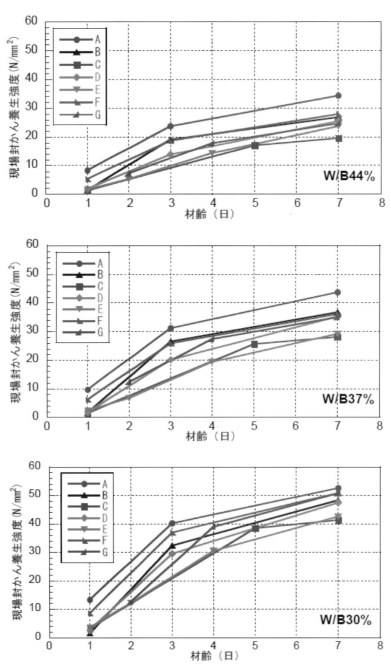

図1.5.4　配合シリーズBにおける初期強度の発現（IIIから転載）

1.6 強度特性
1.6.1 圧縮強度

混和材を大量に使用したコンクリートの結合材水比と圧縮強度の測定結果 III-VI)をまとめて図 1.6.1 に示す．圧縮強度は標準養生を行い材齢 28 日において JIS A 1108:2006「コンクリートの圧縮強度試験方法」に従って求めた値である．圧縮強度は結合材水比の増加（水結合材比の減少）とともに大きくなり，一般のコンクリートと同様に，水結合材比を調節することで，圧縮強度について配合設計が可能であることを確認した．なお，強度発現性について，有効材齢および積算温度による整理については資料編 2.3 において検討した．

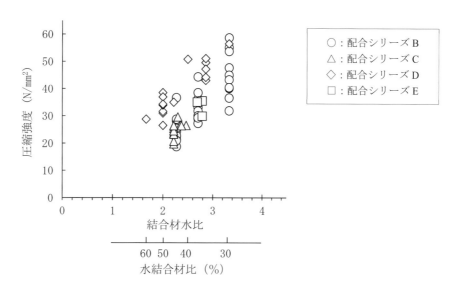

図 1.6.1　水合材水比と圧縮強度の関係（III-VI から作成）

1.6.2 引張強度

混和材を大量に使用したコンクリートの圧縮強度と引張強度の測定結果 III-VI)をまとめて図 1.6.2 に示す．引張強度は標準養生を行い，材齢 28 日において JIS A 1113:2006「コンクリートの割裂引張強度試験方法」に従って求めた．一般のコンクリートと同様に，2017 年制定コンクリート標準示方書［設計編：本編］式（解 5.3.1）を用いて圧縮強度から引張強度が推定できることを確認した．

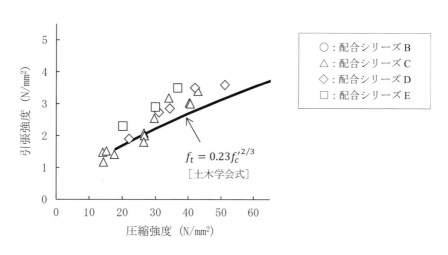

図 1.6.2　圧縮強度と引張強度の関係（III-VI から作成）

1.6.3 ヤング係数

混和材を大量に使用したコンクリートの圧縮強度とヤング係数の測定結果 [III-VI] をまとめて図 1.6.3 に示す．ヤング係数は標準養生を行い，材齢 28 日において JIS A 1149:2010「コンクリートの静弾性係数試験方法」に従って求めた．一般のコンクリートと同様に，2017 年制定コンクリート標準示方書［設計編：本編］式（解 5.3.8）を用いて圧縮強度からヤング係数が推定できることを確認した．なお，圧縮強度のデータの範囲は概ね 20～60N/mm² である．

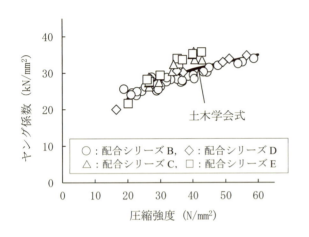

図 1.6.3 圧縮強度とヤング係数の関係（III-VI から作成）

1.6.4 ポアソン比

混和材を大量に使用したコンクリートの圧縮強度とポアソン比の測定結果 [IV, VI] をまとめて図 1.6.4 に示す．ポアソン比は，標準養生を行い，材齢 28 日においてヤング係数を測定する際に，試験体の円周方向にひずみゲージを追加して求めた．弾性範囲内において，圧縮強度に関わらず概ね 0.2 であった．一般のコンクリートについて，2017 年制定コンクリート標準示方書［設計編：本編］5.3.6 に示されるように，混和材を大量に使用したコンクリートについても，弾性範囲内において，一般に 0.2 としてよいことを確認した．

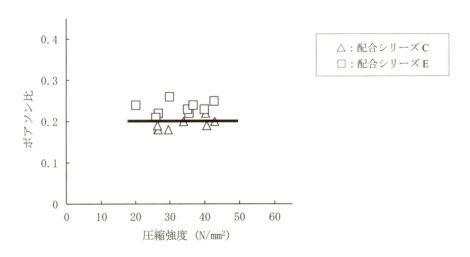

図 1.6.4 圧縮強度とポアソン比の関係（IV, VI から作成）

1.7 劣化抵抗性

1.7.1 凍害に対する抵抗性

混和材を大量に使用したコンクリートの凍害に対する抵抗性について，耐久性指数の評価結果[I, III-VI]をまとめて**図1.7.1**に示す．耐久性指数はJIS A 1148:2010「コンクリートの凍結融解試験方法」の水中凍結融解試験方法（A法）に従って求めた．横軸の記号は，配合ケースとコンクリートの練上り時における空気量を示す．水中凍結融解試験に用いた試験体は材齢28日まで水中養生したものである．共同研究報告書に示される配合は，適切な空気量の設定により，耐久性指数が90を上回るように調整することができる．ただし，**図1.7.2**に示すようにAE剤の選定が不適切であると，空気量や気泡間隔係数が所定の値（目標値）を満たしても凍害に対する抵抗性が劣る場合がある[1]．このため本編3.5では原則として試験を行い耐凍害性について確認することとした．

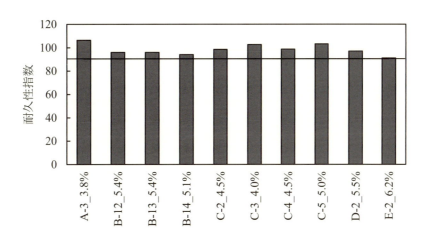

図1.7.1 凍結融解試験による耐久性指数（I, III-VIから作成）

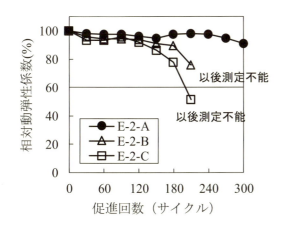

図1.7.2 AE剤の相違による耐凍害性への影響[1]

凍害に対する抵抗性は初期の養生期間の影響を受けることがある．特に混和材を大量使用したコンクリートは強度発現が一般のコンクリートより遅い場合があるため，その影響が懸念される．初期の湿潤養生期間が凍害に対する抵抗性に及ぼす影響について，耐久性指数の評価結果[IV, V]をまとめて**図1.7.4**に示す．横軸

の記号は，配合ケース，コンクリートの練上り時における空気量，初期の湿潤養生の期間を順に示す．なお，28d は材齢 28 日まで 20℃の水中養生が行われたことを示す．空気量が適切に確保された配合では，湿潤養生期間を 7 日以上確保することで，材齢 28 日まで水中養生を行った場合と同様の耐久性指数が得られ，高い耐凍害性を確保できることを確認した．

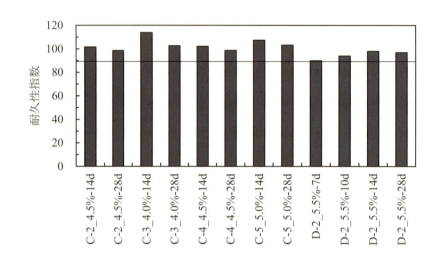

図 1.7.3　湿潤養生期間と耐久性指数（IV, V から作成）

本編 3.5（2）において，塩化物の影響を受ける構造物においては，表面損傷（スケーリング）に対して照査を行うこととしているが，混和材を大量に使用したコンクリートについてはスケーリングに関して十分な知見が得られていない．他方，現状ではスケーリングの評価方法やスケーリング量の限界値について統一が進んでいない．参考として塩化物が作用する環境ではないが，図 1.7.1 に示した耐久性指数を求めるために凍結融解試験を行った際の質量減少率の測定結果 [I, III-VI] をまとめて図 1.7.4 に示す．質量減少率は凍結融解試験終了時（300 サイクル）の値である．耐久性指数が 90 を超え，凍害に対して十分な抵抗性を有する配合物であっても，耐久性指数が小さくなると質量減少率が増加する傾向が確認された．混和材を大量に使用したコンクリートのうち，一部の配合に関する試験結果ではあるが，表面損傷に対する照査を行う場合は，耐凍害性に優れるコンクリートであっても十分に注意して行う必要がある．

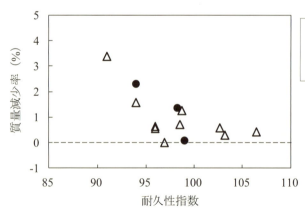

図 1.7.4　耐久性指数と質量変化率の関係（I, III-VI から作成）

1.7.2 アルカリシリカ反応に対する抵抗性

混和材を大量に使用したコンクリートのアルカリシリカ反応（ASR）に対する抵抗性について検討した例を示す．配合E-1のコンクリートをウェットスクリーニングして得たモルタルを用い，ASTM C 1260-14 "Standard Test Method for Potential Alkali Reactivity of Aggregates (Mortar-Bar Method)"に規定される促進条件（80℃, 1mol/lのNaOH水溶液に浸せき）で試験したときの膨張率を図1.7.5に示す[IV]．試験体は25×25×285mmの型枠を用いて成型し，材齢3日で脱型後，材齢28日まで水中養生を行い促進試験に供した．また，E-1の場合と同じ骨材を用い，高炉セメントB種を結合材としてモルタル試験体を作製した．同様の促進試験を行い，結果を比較した．両者ともにASTM C 1260に示される「無害と潜在的有害を含む」と「潜在的有害」の閾値である0.2%（促進期間14日間）を下回った．さらに，E-1の膨張率は高炉セメントB種よりも顕著に小さく，「無害」と「無害と潜在的有害を含む」の閾値である0.1%（促進期間14日間）を下回ったことから，優れたASR抑制効果を有することを確認した．

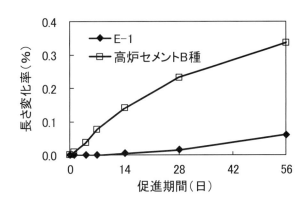

図1.7.5　E-1モルタルおよび高炉セメントB種モルタルのASR促進膨張試験（VIから転載）

1.7.3 その他の劣化に対する抵抗性

混和材を大量に使用したコンクリートでは，一般のコンクリートとは異なり，凍害やASRのほかにアブサンデン現象について確認しておく必要がある．アブサンデン現象はコンクリート表面のペーストやモルタル層が徐々に脆弱化して剥落し，粗骨材が露出する劣化現象であり，剥落による物質の透過に対する抵抗性および美観への影響が危惧されている．一般のコンクリートで発生することは稀であるが，ポルトランドセメントの分量が少ない結合材を用いたコンクリートでは発生が懸念されている．

アブサンデン現象が観察された結合材の事例として，高炉スラグ微粉末：せっこう：ポルトランドセメントの質量比が 60～98 : 0～38 : 2～20 である結合材のうち，ポルトランドセメントの割合が 10%未満の結合材（85 : 13 : 2）や[2]，炭酸ナトリウムと高炉スラグ微粉末からなりポルトランドセメントを用いない結合材の事例（図1.7.6）が報告されている[3]．高炉スラグ微粉末と炭酸ナトリウムを結合材としたコンクリートは材齢 28 日で 40N/mm^2 以上の圧縮強度が得られていたが，屋外暴露開始後，約3ヶ月で図1.7.6のような表面のペーストやモルタルの剥落が観察された[3]．他方，ポルトランドセメントの使用量を10%以上とするとアブサン現象が発生しなかったことや[2]，炭酸ナトリウムをカルシウム系の化合物に変更することでアブサンデン現象の発生を回避することができたことが報告されている[3]．

図 1.7.6　高炉スラグ微粉末－炭酸ナトリウム系結合材におけるアブサンデン現象の発生事例

　これらの結合材に関する知見を参照すると，本指針（案）の対象とするコンクリートのうち，配合シリーズ A～D においては，アブサンデン現象の発生のおそれはない．配合シリーズ A～D は結合材に少なくとも 10%以上のポルトランドセメントを含むことから先の事例の条件に該当しない．また，配合シリーズ E は結合材中のポルトランドセメントの分量が 10%より少なく，結合材の多くが高炉スラグ微粉末であるが，炭酸ナトリウムを用いずにカルシウム系の材料を用いている点でアブサンデン現象の発生を回避した事例に相当する [3]．このため，配合シリーズ A～E として示す混和材を大量に使用したコンクリートではアブサンデン現象の発生の懸念は少ないが，念のため共通暴露試験において，暴露期間が 2～3 年を経過した後にもアブサンデン現象を生じないことを確認している．例として配合シリーズ E を 3.5 年間暴露したときの様子を図 1.7.7 に示す [VI]．コンクリートの表面にペーストの脱落等による骨材の露出やひび割れ等の変状は生じていなかった．アブサンデン現象の発生が数か月程度の暴露期間で報告されていることを考慮すると，配合シリーズ A～E の混和材を大量に使用したコンクリートは，アブサンデン現象は生じないものと判断できる．

図 1.7.7　暴露試験開始から 3.5 年を経た配合シリーズ E のコンクリートの様子（VI から転載）

[資 料 編]

　他方，アブサンデン現象の原因について，化学的な分析の結果から検討した事例がある．アブサンデン現象により剥落した粉末と，剥落していないコンクリート表層の中性化部では多くの炭酸カルシウムが析出し，表層の中性化部では空隙が粗大化していた．中性化による空隙の粗大化は強度低下の誘因となるため，アブサンデン現象の主たる原因は中性化であることを示唆している[2].

　なお，混和材を大量に使用したコンクリートではアブサンデン現象は生じないと判断したが，混和材を大量に使用したコンクリートは中性化が速い傾向があること，また，コンクリート構造物に期待する寿命は数十年以上である場合が多いため，混和材を大量に使用したコンクリートのアブサンデン現象に対する抵抗性に関する信頼性を高めるため，暴露試験を継続している．

参考文献

1) 岡本礼子，大脇英司，宮原茂禎，荻野正貴：環境配慮コンクリートの凍結融解抵抗性に空気連行剤が与える影響について，土木学会第 71 回年次学術講演会講演概要集，V-122，pp.243-244，2016

2) 魚本健人，小林一輔，星野富夫：高炉水砕スラグ・セッコウ系結合材を用いたコンクリートの劣化，コンクリート工学年次講演会講演論文集（2），pp. 69-72，1980

3) 宮原茂禎，荻野正貴，岡本礼子，丸屋剛：高炉スラグ微粉末とカルシウム系刺激材を使用した環境配慮コンクリートの水和反応と組織形成，コンクリート工学年次論文集，Vol. 35，No. 1，pp. 1969-1974，2013

1.8 物質の透過に対する抵抗性

1.8.1 中性化に対する抵抗性

中性化に対する抵抗性を検討するため，混和材を大量に使用したコンクリートを材齢 28 日まで 20℃の水中にて養生し，JIS A 1153:2012「コンクリートの促進中性化試験方法」に従って促進試験を行った[I, III-VI]. 中性化深さの進行は促進試験期間の平方根に比例するものとして整理し，比例定数である中性化速度定数と相関係数を図 1.8.1 に示す. 検討したいずれのコンクリートの場合も相関係数は 0.99 を超え，一般のコンクリートと同様に，中性化の進行は促進試験期間の平方根に比例するものとして表現できることが確認できた.

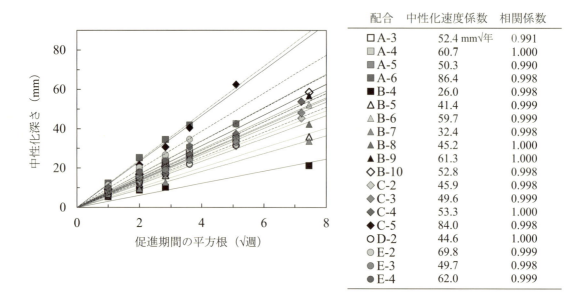

図 1.8.1 促進中性化試験による中性化深さの変化（I, III-VI から作成）

試験体の養生条件を 28 日間の水中養生として検討した図 1.8.1 の例に，試験体の養生条件を表 1.5.1 に示す湿潤養生とした場合の結果[IV-VI]を加え，中性化速度係数と材齢 28 日における圧縮強度の関係を図 1.8.2 に示す. 混和材を大量に使用したコンクリートの中性化速度は圧縮強度が高い方が小さくなる傾向にあるが，同じ強度レベルの一般のコンクリート（ポルトランドセメントを用いた水セメント比 35～55%のコンクリート）と比較して中性化速度係数が大きいことを確認した.

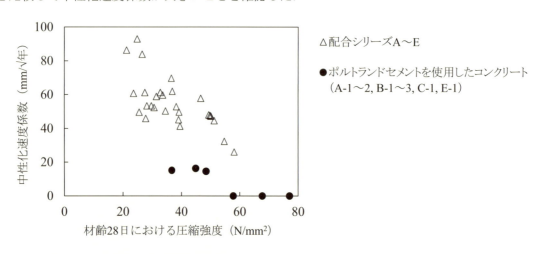

図 1.8.2 圧縮強度と促進試験による中性化速度係数の関係（I, III-VI から作成）

また，図1.8.2からデータを抜き出し，湿潤養生期間の相違が中性化速度係数に及ぼす影響を図1.8.3に示す．配合ケース D-2 の場合には，初期に7日間の湿潤養生を行うことで，28日間の水中養生を行った場合とほぼ等しい中性化速度係数となることを確認した．他の配合ケースの場合でも，14日程度の湿潤養生を行うことで同様な効果が得られることを確認した．ただし，その効果は配合により若干異なるため，必要に応じて試験を行い，確認することがよいと思われる．

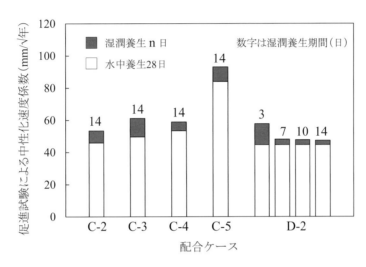

図1.8.3　湿潤養生期間が中性化速度係数に及ぼす影響（IV, V から作成）

1～4年間の共通暴露試験により求めた中性化速度係数[I, III-VI]と材齢28日における圧縮強度[I, III-VI]の関係を図1.8.4に示す．暴露試験に用いた試験体は，図1.8.2の場合と同様に水中養生を行った試験体と湿潤養生を行った試験体の双方の結果を掲載した．混和材を大量に使用したコンクリートは促進中性化試験の場合と同様に圧縮強度が大きいほど中性化速度係数は小さくなる傾向にあり，同じ強度レベルの一般のコンクリート（ポルトランドセメントを用いた水セメント比35～55%のコンクリート）と比較して，実環境においても中性化が速く進行することを確認した．

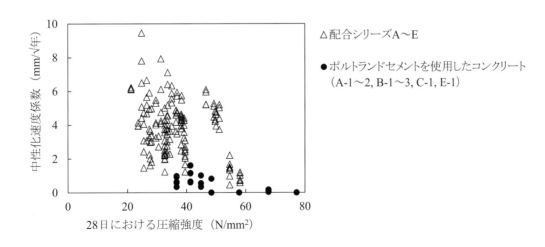

図1.8.4　圧縮強度と暴露試験による中性化速度係数の関係（I, III-VI から作成）

促進中性化試験により求めた中性化速度係数（**図1.8.2**）に対し，本編 式（解3.4.5）を用いて二酸化炭素濃度差を補正して実環境での推定値に換算し，共通暴露試験により求めた中性化速度係数（**図 1.8.4**）と比較した結果を**図1.8.5**に示す．暴露試験では一つの配合に対して，暴露試験の場所や暴露期間の異なる複数のデータが得られており，これを図示した．促進試験の結果を換算して得た中性化速度係数は共通暴露試験による中性化速度係数より大きいことから，混和材を大量に使用したコンクリートの中性速度係数は促進中性化試験によっても設定できることが確認された．

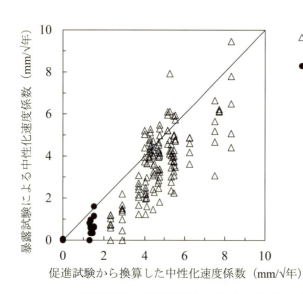

図1.8.5 促進試験と暴露試験から求めた中性化速度係数の比較（I, III-VI から作成）

なお，一部，促進試験の結果を換算して得た中性化速度係数より，共通暴露試験による中性化速度係数の方が大きかったが，暴露試験期間が延びると次第に解消されること（促進試験から換算した速度の方が大きくなること）を確認した（**図1.8.6**）．暴露試験の期間が長いほど混和材を大量に使用したコンクリートの実用に向けて有用な結果が得られるとともに，長期間の耐久性について検討する場合には，長期の暴露状態での品質が対象となるため，短期の暴露試験結果が促進試験結果を超えることは大きな問題にならないことが示唆された．

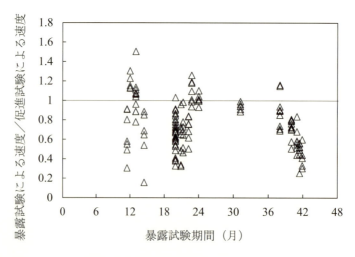

図1.8.6 暴露試験における混和材を大量に使用したコンクリートの中性化速度係数の変化
（I, III-VI から作成）

他方,本編 3.4.2 では配合条件から本編 式(解 3.4.7)を用いて中性化速度係数を求めることができるとした.配合条件から求めた中性化速度係数と共通暴露試験により求めた速度係数 I, III-VI)の関係を図 1.8.7 に示し,促進中性化試験から換算して求めた中性化速度係数との関係を図 1.8.8 に示す.使用した高炉スラグ微粉末やフライアッシュなどの混和材の k(混和材により定まる定数)を 0.3 として計算した.

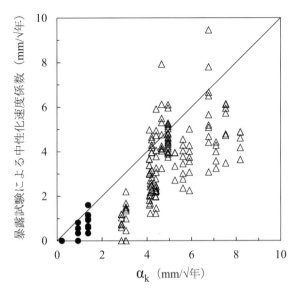

図 1.8.7 配合条件から求めた中性化速度係数と暴露試験で求めた中性化速度係数の比較

(すべての混和材に k=0.3 を適用して計算)(I, III-VI から作成)

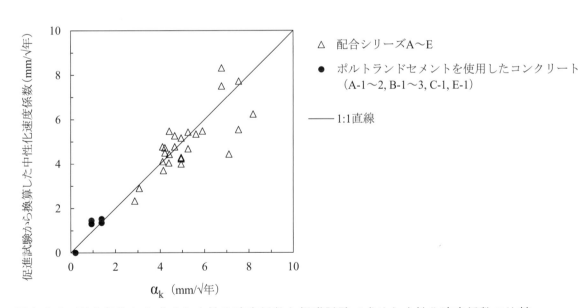

図 1.8.8 配合条件から求めた中性化速度係数と促進試験で求めた中性化速度係数の比較

(すべての混和材に k=0.3 を適用して計算)(I, III-VI から作成)

表 1.3.3 に示した配合ケースについて,そのほとんどが配合から求めた中性化速度係数が暴露試験による実測値より大きくなった.すなわち,これらの配合の中性化速度係数は,暴露試験や促進試験による方法のほか,k=0.3 とすることで本編 式(解 3.4.7)によっても設定できることを確認した.また,配合条件から求めた中性化速度係数と促進中性化試験から換算して求めた中性化速度係数は相関性が高く,配合から中性化速度係数を求めてもよいことが確認できた.

1.8.2 塩害に対する抵抗性

　混和材を大量に使用したコンクリートを濃度 10%または 3%の NaCl 溶液に浸せきしたときの塩化物イオンの侵入の様子を図 1.8.9[I]および図 1.8.10[IV, VI]に示す．ポルトランドセメントを使用したコンクリートでは浸せき期間の増加に伴い塩化物イオンが侵入したが（図 1.8.9 a)），混和材を大量に使用したコンクリートでは浸せき期間が経過しても塩化物の侵入が継続せずに"停滞"し，特徴的な性状を示した（図 1.8.9 b)および図 1.8.10）．塩化物イオンの侵入のフロントはコンクリートの表面から 20〜30mm の位置にある場合が多く，その位置で塩化物イオンの侵入が確実に留まれば，30mm 以上のかぶりが確保された構造物では塩化物イオンの侵入に伴う鋼材腐食に対する照査を省略できる．しかし，試験の実績は数年程度であり構造物に期待する寿命に対して短いこと，また"停滞"の機構が明らかではなく侵入が再開しないことが断定できないことから，従来のコンクリートと同様に塩化物イオンが継続して侵入するとし，塩化物イオンの侵入に伴う鋼材腐食に対する照査の手順は 2017 年版コンクリート標準示方書に従うこととした．

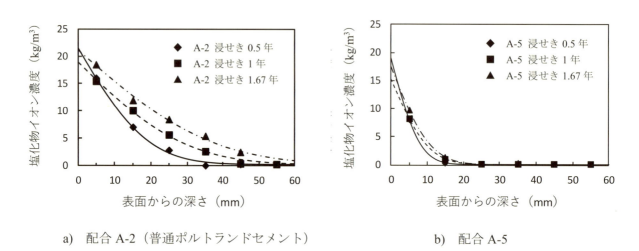

a) 配合 A-2（普通ポルトランドセメント）　　　　　b) 配合 A-5

図 1.8.9　10%NaCl 溶液への浸せき試験の結果

（凡例は配合ケースと浸せき試験期間を示す）（I から作成）

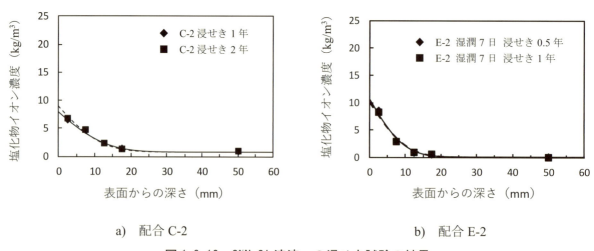

a) 配合 C-2　　　　　　　　　　　　　　　　b) 配合 E-2

図 1.8.10　3%NaCl 溶液への浸せき試験の結果

（凡例は配合ケースと浸せき試験期間．"湿潤 7 日"は表 1.5.1 参照．記載の無いものは"水中 28 日"）

（IV, VI から作成）

2017年版コンクリート標準示方書に従って塩化物イオンの侵入に伴う鋼材腐食に対する照査を行う場合，混和材を大量に使用したコンクリートについて，塩化物イオンに対する設計拡散係数，コンクリート表面における塩化物イオン濃度，耐久設計で設定する腐食発錆限界濃度が必要となる．混和材を大量に使用したコンクリートの塩化物イオンに対する設計拡散係数は塩化物イオンに対する拡散係数の特性値から定めることができ，その特性値は浸せき試験によっても求めることができる（本編 3.4.3）．混和材を大量に使用したコンクリートについて NaCl 溶液への浸せき試験を 1 年間以上行い，塩化物イオンの見掛けの拡散係数とコンクリート表面塩化物イオン濃度を求めた [I, III-VI]．混和材を大量に使用したコンクリートへの塩化物イオンの侵入は"停滞"を伴い，単純な物質輸送現象ではないため濃度勾配のみを駆動力とする Fick の拡散則を適用することは適切ではないが，便宜上，これを適用した．10%NaCl 溶液または 3%NaCl 溶液へ浸せきした場合の結果を図 1.8.11 および図 1.8.12 に示す．

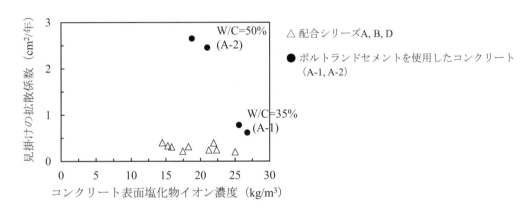

図 1.8.11　10%NaCl 溶液への浸せき試験による見掛けの拡散係数とコンクリート表面塩化物イオン濃度
（I, III, V から作成）

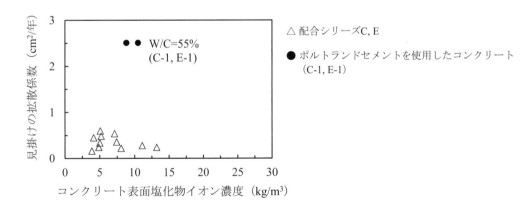

図 1.8.12　3%NaCl 溶液への浸せき試験による見掛けの拡散係数とコンクリート表面塩化物イオン濃度
（IV, VI から作成）

混和材を大量に使用したコンクリートの塩化物イオンの見掛けの拡散係数は浸せき溶液の塩化物イオン濃度が異なっても，その値は類似し，水セメント比 50%のポルトランドセメントを用いたコンクリートよりも顕著に小さく，35%のものと比べても小さかった．この例のように異なる浸せき試験の期間において塩化物イオンの濃度分布がほぼ等しくなる場合，Fick の拡散則を用いて見掛けの拡散係数を求めると，本編 式（3.4.8）から明らかなように拡散係数の値は浸せき期間に反比例することになる．例えば，塩化物イオンの

侵入が"停滞"した後，浸せき試験の期間を2倍に延長すると見掛けの拡散係数は1/2になる．このように試験期間により異なる拡散係数が得られる可能性があるが，混和材を大量に使用したコンクリートの塩化物イオンの拡散係数は，本編 3.4.3 に記載のように浸せき試験による値を採用してもよいこととした．この方法を用いることで短期間の試験でも安全側の数値（大きな拡散係数）を用いて塩化物イオンの侵入に伴う鋼材腐食に対するに関する照査を行うことが可能になり，適用実績の増加によるフィードバック効果が期待できること，さらにより長い期間に亘り性能を確認したものほど積極的にその性能（塩化物イオンの侵入に対する抵抗性）を活用できることから採用に適うと判断した．

一方，コンクリート表面塩化物イオン濃度は，浸せき溶液の塩化物イオン濃度が高いと表面塩化物イオン濃度も高くなる傾向にあったが，ポルトランドセメントを使用したコンクリートよりも小さくなる場合が多かった．ただし，配合による差が大きく，混和材を大量に使用したコンクリート全般として一般のコンクリートと区別することは難しいと判断した．照査に用いるコンクリート表面塩化物イオン濃度は，塩化物の供給に関わる環境要因と環境からコンクリートの内部に塩化物が移動する時の材料の性質の影響を受ける．材料の性質に関わる点について，浸せき試験の結果から混和材を大量に使用したコンクリートは一般のコンクリートと分ける必要はないことを確認した．他方，環境要因はコンクリートの種類に無関係であるから，結論として，混和材を大量に使用したコンクリートの照査に用いるコンクリート表面塩化物イオン濃度は一般のコンクリートと同様に扱うことができ，2017年版コンクリート標準示方書に示される値を使用できることとした．

塩化物イオンの拡散係数とコンクリート表面塩化物イオン濃度について，コンクリートの養生条件が与える影響を検討した．図 1.8.12 に示したデータを図 1.8.13 および図 1.8.14 として再構成した．ここに示した混和材を大量に使用したコンクリートについて，配合シリーズ C では 14 日間，配合シリーズ E では 7 日間の湿潤養生を行うと，塩化物イオンの侵入に対して 28 日間水中養生を行った場合と同等の抵抗性を確保できることが確認できた．

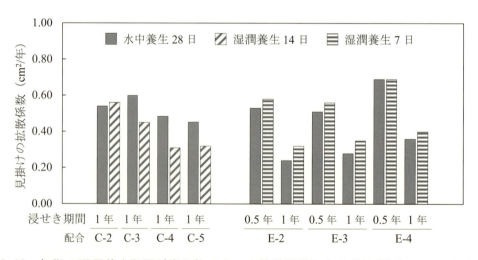

図 1.8.13　初期の湿潤養生期間が塩化物イオンの拡散係数に与える影響（IV, VI から作成）

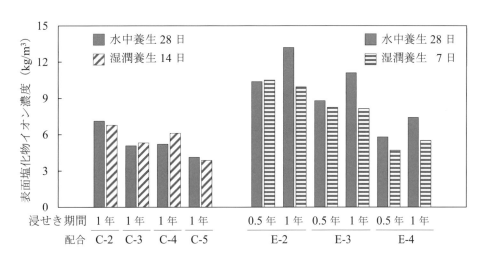

図 1.8.14 初期の湿潤養生期間がコンクリート表面塩化物イオン濃度に与える影響（IV, VI から作成）

鋼材腐食の発生を判定するための塩化物イオンの鋼材腐食発生限界濃度は，混和材を大量に使用したコンクリートに固有な値が得られていないため，極力，安全側の値を用いることとした．2017年制定コンクリート標準示方書では塩化物イオンの鋼材腐食発生限界濃度がセメントの種類毎に示されていることから，そのうち，最小値であるシリカフュームを用いたコンクリートに適用されている 1.2kg/m³ を採用することとした．なお，共通暴露試験ではかぶりを 30mm として鉄筋を設置した試験体を暴露しているが，2.5 年経過時までに腐食ひび割れや錆汁は観察されていない．また，塩化物イオンの鋼材腐食発生限界濃度を求めるため，コンクリートライブラリー138「2012年制定 コンクリート標準示方書改訂資料」pp.71-74 に示される方法などで試験が継続されており，適切な値が得られた場合にはそれを用いるとよい．

1.8.3 中性化と塩化物イオンの侵入の複合作用に対する抵抗性

混和材を大量に使用したコンクリートに中性化と塩化物イオンの侵入が複合して作用する場合には，それに伴う鋼材腐食に対する照査を行うこととし，中性化に伴う鋼材腐食に対する照査と同様に行うものとした（本編 3.4.4 参照）．この手順では塩害環境下における鋼材の腐食発生に関する中性化残りを設定する必要がある．混和材を大量に使用したコンクリートの場合は25mmとし，実験等で十分に確認されている場合には 15mm を下限値として設定してよいこととした．15mm を下限値とした根拠として，共同研究報告書の一部（資料編の配合記号では A-3，A-6 に相当）[i]を**解説 図3.4.2** として掲載し，塩化物イオンの侵入が中性化深さよりも 12mm 程度深いことを示した．資料編では他の配合についても示し，その妥当性を確認する．

共通暴露試験において沖縄の海岸沿いに 1.7〜3.5 年間暴露した試験体の塩化物イオン濃度分布とそのときの中性化深さの測定結果[I, III-VI]をまとめて**図 1.8.15** に示す．いずれの試験体も材齢約1ヶ月まで水中養生を行って，暴露試験に供した．混和材を大量に使用したコンクリートは中性化が速く，多くの配合で中性化領域の内側で塩化物イオンの濃度が高くなり極大値を持つことが確認された．塩化物イオン濃度の分布に極大値を持つ場合でもその内側の塩化物イオン濃度は低く，塩化物イオンの侵入のフロントは中性化深さからさらに 12mm 程度までの深さに限られた．したがって，本編に示したように混和材を大量に使用したコンクリートの中性化残りを通常環境下で 10mm，塩害環境下では 15〜25mm と設定することは妥当であると判断された．なお，試験の結果から，**図 1.8.15** に示す配合物は塩害環境下における中性化残りを下限の 15mm と設定できることを確認した．

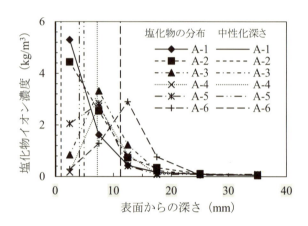

a) 配合 A-1〜A-6（暴露期間 40 ヶ月）（I から作成）
※A-1 の中性化深さは 0mm

b) 配合 B-1〜B-5（暴露期間 41 ヶ月）（III から作成）
※B-1〜B-4 の中性化深さは 0mm

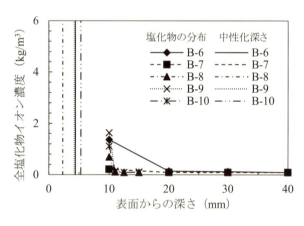

c) 配合 B-6〜B-10（暴露期間 41 ヶ月）（III から作成）
※B-7 の中性化深さは 0mm

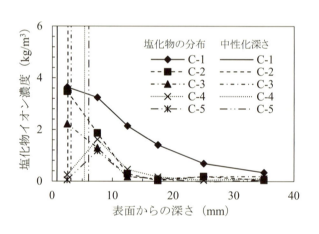

d) 配合 C-1〜C-5（暴露期間 20 ヶ月）（IV から作成）

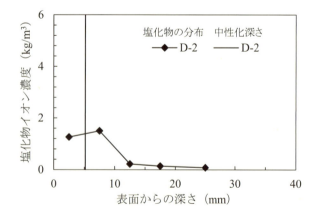

e) 配合 D-2（暴露期間 23 ヶ月）（V から作成）

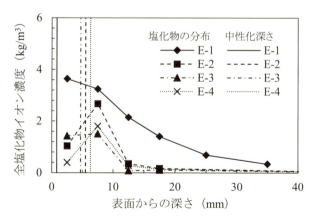

f) 配合 E-1〜E-4（暴露期間 23 ヶ月）（VI から作成）

図 1.8.15　沖縄での共通暴露試験における塩化物イオン濃度分布と中性化深さ

1.9 ひび割れ抵抗性
1.9.1 自己収縮

　高炉スラグ微粉末のみを混和材とし，ポルトランドセメントの分量が25%，高炉スラグ微粉末の分量が75%となるように置換した結合材を用いたコンクリートの自己収縮ひずみを，高炉セメントB種を用いた場合と比較して図1.9.1に示す．水結合材比（W/B）が55%〜60%のときは，セメントが25%の場合と高炉セメントB種の場合で自己収縮ひずみに大きな差はみられず，200×10^{-6}程度であった．セメントが25%の場合にW/Bを小さくすると自己収縮ひずみが大きくなり，W/Bが36.2%のときには-400×10^{-6}程度となった．

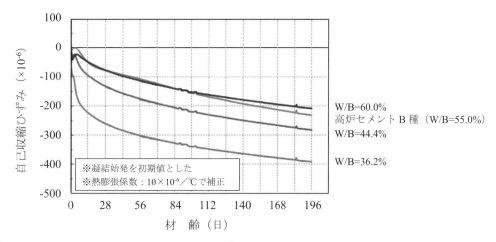

図1.9.1　普通ポルトランドセメントの75%を高炉スラグ微粉末で置換したコンクリートの自己収縮ひずみ

　高炉スラグ微粉末の置換率の影響について，配合シリーズDの自己収縮ひずみを図1.9.2に示す[v]．置換率を50%（高炉セメントB種相当）から70%（同C種相当）に高くしても自己収縮ひずみはほとんど変化しなかったが，90%にするとひずみは小さくなった．その変化はW/Bが35%の場合に顕著であり，ひずみは-230×10^{-6}程度から-150×10^{-6}程度になった．使用した高炉スラグ微粉末には無水せっこうが添加されており，その反応によるエトリンガイト等の生成によって収縮が適度に補償されたものと推察される．

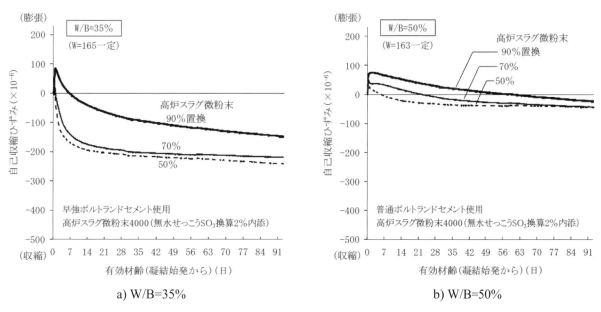

a) W/B=35%　　　　　　　　　　　　　　b) W/B=50%

図1.9.2　配合シリーズDの自己収縮ひずみ（Vから転載）

混和材に高炉スラグ微粉末以外の材料を含む配合シリーズCの自己収縮ひずみを図1.9.3に示す[IV]．20℃の環境では，ポルトランドセメントの分量を25%としたC-2，C-3では-70×10^{-6}〜-80×10^{-6}であり，同じ25%でも無水せっこうを添加したC-4では収縮ではなく約30×10^{-6}の膨張を示した．ポルトランドセメントの分量を減じて10%としたC-5の自己収縮ひずみは約-250×10^{-6}であった．また，養生温度が高くなるといずれの配合も自己収縮ひずみは大きく（膨張量は小さく）なった．

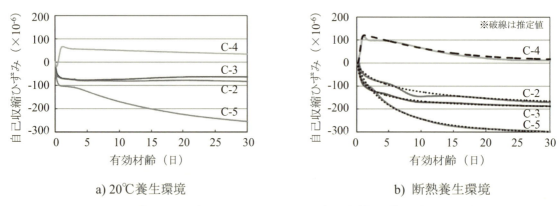

図1.9.3 配合シリーズCのコンクリートの自己収縮ひずみ（IVから転載）

ポルトランドセメントの分量をさらに減じて0%または4%とした配合シリーズEのうち，ポルトランドセメントの分量を0%としたE-2の自己収縮ひずみを図1.9.4に示す[VI]．20℃の環境における自己収縮ひずみは材齢1ヶ月で約150×10^{-6}であった．断熱環境における自己収縮ひずみは，材齢1ヶ月で約200×10^{-6}であり20℃環境に比べて大きくなる傾向にあったが，高炉セメントB種を用いたコンクリートと同程度であった．

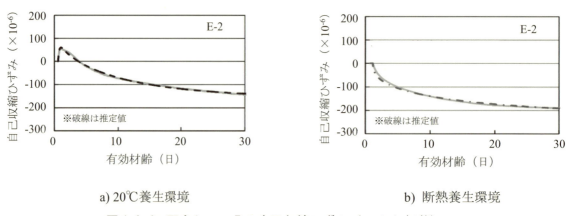

図1.9.4 配合ケースEの自己収縮ひずみ（VIから転載）

混和材を大量に使用したコンクリートの自己収縮ひずみは，結合材の構成や水結合材比により異なり，養生温度が高くなると大きくなる傾向にあった．しかしながら，適切な使用材料の選択と配合の設定により所定の自己収縮ひずみを有するコンクリートが得られることが確認できた．また，無水せっこうの添加は自己収縮ひずみに影響を及ぼすが，高炉スラグ微粉末に予め含まれる場合もあるため使用材料の成分の確認は，収縮特性の検討の観点からも重要であることが確認できた．

1.9.2 乾燥収縮

混和材を大量に使用したコンクリートの乾燥収縮ひずみについて，JIS A1129:2010「モルタル及びコンクリートの長さ変化測定方法」附属書 A に従って得た 100×100×400mm 供試体の収縮ひずみの経時変化曲線について[I, III-VI]，2017 年制定コンクリート標準示方書［設計編：標準］2.2 において式（解 2.2.3）として示される双曲線（式（資料編 1.9.1））で回帰したときの値を比較し，図 1.9.5 に示す．

$$\varepsilon'_{sh} = \frac{\varepsilon'_{sh,\mathrm{inf}} \cdot t}{\beta + t} \tag{資料編 1.9.1}$$

ここに，ε'_{sh}：乾燥収縮ひずみ（×10⁻⁶）

t：乾燥期間（日）．コンクリートの材齢から乾燥開始材齢 7 日を減じたもの．

$\varepsilon'_{sh,inf}$：乾燥収縮ひずみの最終値（×10⁻⁶）

β：乾燥収縮ひずみの経時変化を表す係数

式（資料編 1.9.1）による回帰値は，ほぼ±20%の範囲で実験値を表しており．混和材を大量に使用したコンクリートの乾燥収縮ひずみの経時変化は，一般のコンクリートと同様に，乾燥収縮ひずみの最終値$\varepsilon'_{sh,inf}$と経時変化を表す係数βの 2 つの定数を用い，式（資料編 1.9.1）によって表すことができることを確認した．

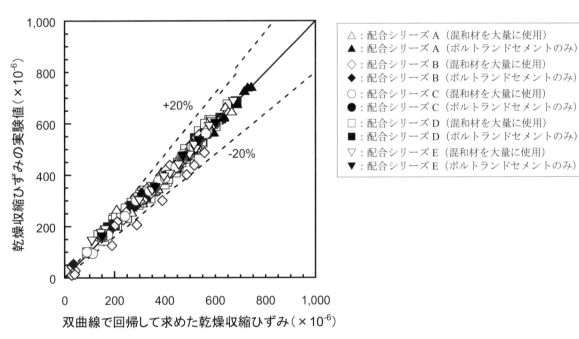

図 1.9.5　混和材を大量に使用したコンクリートの乾燥収縮ひずみの実験値と双曲線で回帰したときの比較
（I, III-VI から作成）

混和材を大量に使用したコンクリートの乾燥収縮ひずみの実験データ[I, III-VI]を式（資料編 1.9.1）で回帰して得られた最終値$\varepsilon'_{sh,inf}$を図 1.9.6 に，乾燥収縮ひずみの経時変化を表す係数βを図 1.9.7 に示す．W/B=35%の場合には最終値$\varepsilon'_{sh,inf}$および係数βはポルトランドセメントのみの場合と同程度の値であった．W/B=50%の場合には最終値$\varepsilon'_{sh,inf}$は小さく，係数βは大きくなる傾向にあった．なお，経時変化を表す係数βが大きいと乾燥収縮ひずみが最終値$\varepsilon'_{sh,inf}$に達するまでに時間を要することになる．したがって，W/B=35%の場合には混和材を大量に使用したコンクリートの乾燥収縮ひずみはポルトランドセメントのみを用いたコンクリートと同程度であり，W/B=50%の場合には小さくなることを確認した．

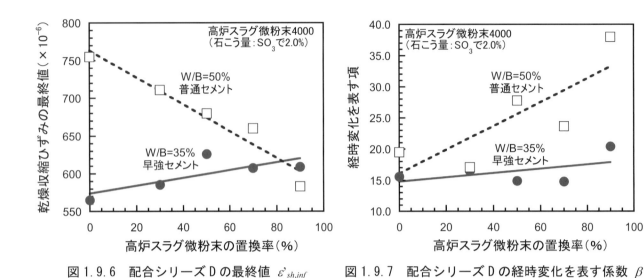

図 1.9.6　配合シリーズ D の最終値 $\varepsilon'_{sh,inf}$　　　図 1.9.7　配合シリーズ D の経時変化を表す係数 β

2017 年制定コンクリート標準示方書［設計編：標準］2.2 に従うと，100×100×400mm 供試体の収縮ひずみの経時変化曲線によらずに，式（解 2.2.1）および式（解 2.2.4～2.2.5）を用いて乾燥収縮ひずみの最終値 $\varepsilon'_{sh,inf}$ と経時変化を表す係数 β を推定することができる．混和材を大量に使用したコンクリートの乾燥収縮ひずみの実験値と，推定した $\varepsilon'_{sh,inf}$ と β を式（資料編 1.9.1）に代入して乾燥収縮ひずみを求め，図 1.9.8 に比較して示す．実験値は推定値よりも若干大きい値を示した．ポルトランドセメントのみを用いた場合にもその傾向がみられるため，混和材を大量に使用したためではなく，骨材等のその他の材料の影響を受けていると思われる．混和材を大量に使用したコンクリートの乾燥収縮ひずみの予測値は実験値に対して概ね±50%の精度で予測されていることから，混和材を大量に使用したコンクリートの乾燥収縮ひずみは，実験値によらない場合，一般のコンクリートと同様に 2017 年制定コンクリート標準示方書［設計編：標準］2.2 に示される予測式を適用してよいことを確認した．

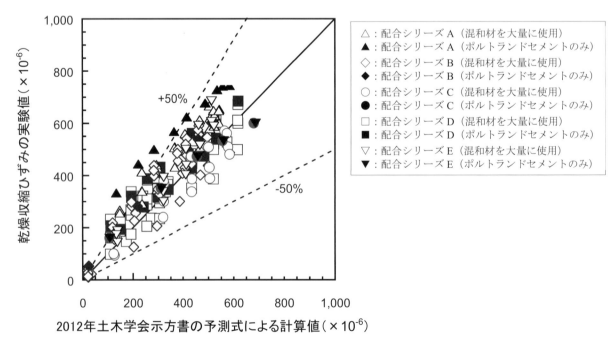

図 1.9.8　混和材を大量に使用したコンクリートの乾燥収縮ひずみの実験値と予測値との比較

(I, III-VI から作成)

1.9.3 クリープ

混和材を大量に使用したコンクリートでは，クリープに関する情報が十分に得られていないため，例として，結合材の0〜50%に混和材を用いたコンクリートのクリープの測定結果を**図 1.9.9**に示す[II]．配合名や配合は**表 1.9.1**に示す．

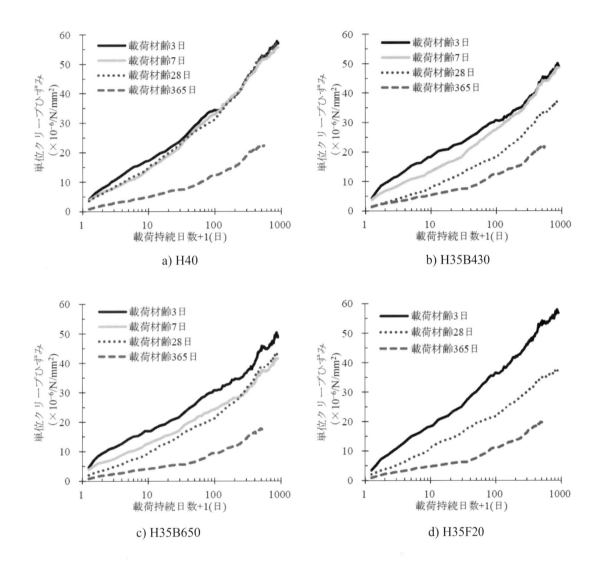

図 1.9.9　結合材の0〜50%が混和材で構成されるコンクリートのクリープの測定例（IIから転載）

また，**図 1.9.9**に示す測定結果から，式（資料編 1.9.2）により各測定時刻におけるクリープ係数を求めた．クリープ係数の経時変化を式（資料編 1.9.3）で回帰して定数A，Bを求め，材齢10,000日におけるクリープ係数を推定した[II]．定数A，Bとクリープ係数の推定値を**表 1.9.1**に示す．

$$\phi_t = \frac{\varepsilon_{ct}}{\sigma} E_{c28}$$
（資料編 1.9.2）

ここに，　ϕ_t　：クリープ係数

　　　　ε_{ct}　：クリープひずみの測定値

　　　　σ　：載荷応力度（N/mm²）

　　　　E_{c28}　：材齢28日まで標準養生した円柱供試体のヤング係数（N/mm²）

$$\phi_t = A \cdot \log_e(t - t' + 1) + B \qquad\qquad \text{(資料編 1.9.3)}$$

ここに，t ：クリープひずみの測定時の材齢（日）

t' ：載荷材齢（日）

A, B：実験から得られた定数

表 1.9.1 クリープを測定したコンクリートの配合とクリープ係数の経時変化 [II]

配合名	W/B	単位量（kg/m³）						載荷材齢	クリープ曲線式		クリープ係数推定値※
		W	H	BFS#	FA	S	G		A	B	
H40	40%		413 (100%)	—	—	758		3 日	0.299	-0.068	2.69
								7 日	0.306	-0.144	2.67
								28 日	0.315	-0.171	2.73
								365 日	0.135	-0.113	1.13
H35B430			330 (70%)	141 (30%) #4000	—	700		3 日	0.250	0.077	2.38
								7 日	0.273	-0.103	2.41
		165					968	28 日	0.226	-0.205	1.88
								365 日	0.133	-0.086	1.14
H35B650	35%		236 (50%)	236 (50%) #6000	—	695		3 日	0.248	0.048	2.33
								7 日	0.218	-0.035	1.97
								28 日	0.254	-0.221	2.12
								365 日	0.108	-0.086	0.91
H35F20			377 (80%)	—	94 (20%)	682		3 日	0.283	-0.022	2.58
								28 日	0.195	-0.079	1.72
								365 日	0.110	-0.079	0.93

W:練混ぜ水，H:早強ポルトランドセメント，BFS#:(#4000)高炉スラグ微粉末4000，(#6000)高炉スラグ微粉末6000，FA:フライアッシュⅡ種，S:細骨材，G:粗骨材，※：材齢10,000日

　ポルトランドセメントのみを用いた場合と比べて，混和材を用いたコンクリートのクリープは同程度か小さくなる．ただし，混和材を大量に使用したコンクリートについてはクリープに関する十分なデータが得られていないため，クリープの影響を考慮する必要がある場合には，試験等で確認する必要がある

1.9.4　温度収縮

　混和材を大量に使用したコンクリートの熱膨張係数の測定結果 [III-VI] を**表 1.9.2** に示す．2017 年制定コンクリート標準示方書［設計編：本編］5.3.7 には一般のコンクリートの熱膨張係数の参考値として，ポルトランドセメントを用いたコンクリートでは $10 \times 10^{-6}/℃$，高炉セメント B 種を用いた場合では $12 \times 10^{-6}/℃$ が示されている．混和材を大量に使用したコンクリートの熱膨張係数は，$9.9 \times 10^{-6}/℃ \sim 12.8 \times 10^{-6}/℃$ であったことから，高炉セメント B 種を用いたコンクリートと同様に $12 \times 10^{-6}/℃$ としてよいことを確認した．ただし，熱膨張係数は使用する骨材の岩種による影響が大きく，石灰石骨材を用いた場合には熱膨張係数が小さくなり，$6.2 \times 10^{-6}/℃$ となることがあったことから，十分な注意が必要である．

表 1.9.2　混和材を大量に使用したコンクリートの熱膨張係数 [III-VI]

配合シリーズ B	$6.2 \times 10^{-6}/℃$ 程度　　※石灰石骨材を使用
配合シリーズ C	$9.9 \times 10^{-6}/℃ \sim 11.6 \times 10^{-6}/℃$
配合シリーズ D	$12.8 \times 10^{-6}/℃$
配合シリーズ E	$12.0 \times 10^{-6}/℃$

コンクリートの断熱温度上昇特性について，一般のコンクリートの場合は 2017 年制定コンクリート標準示方書［設計編：本編］5.2.1 に示される推定式を用いて断熱温度上昇特性を求めることができるが，混和材を大量に使用したコンクリートの場合は結合材の種類，割合，単位結合材量が様々であるため，推定式を適用することができず，コンクリートの配合ごとに試験を行い，断熱温度上昇特性を求める必要がある．配合シリーズ A～E に関する試験においては，断熱温度上昇試験，あるいは簡易断熱試験により断熱温度上昇特性を評価している．簡易断熱試験装置の例を図1.9.10に示す．断熱材で覆われた空間にコンクリートを打込み，中心部の温度と端部の温度から断熱温度上昇特性を推定する．この他にも，日本コンクリート工学会「マスコンクリートのひび割れ制御指針2016」に簡易断熱容器を用いた逆解析手法による断熱温度上昇量の推定方法や，マスブロック試験による断熱温度上昇曲線の同定方法が示されているので参考にするとよい．なお，混和材を大量に使用したコンクリートは簡易断熱試験や断熱試験においてコンクリート温度の上昇速度が小さいため，一般のコンクリートに比べて結果を得るまでに時間を要する点に注意が必要である．

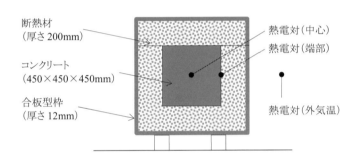

図1.9.10 簡易断熱試験に用いられた試験装置の例（縦断面）

配合シリーズ D において，ポルトランドセメントを用いたコンクリートと比較して断熱温度上昇特性を確認した例を図1.9.11に示す[v]．配合 D-1（普通ポルトランドセメント30%，高炉スラグ微粉末70%，W/B=50%）の断熱温度上昇特性は，W/B=50%の普通ポルトランドセメントや中庸熱ポルトランドセメントを用いたコンクリートに比べて断熱温度上昇量が小さく，水和発熱が小さいことが確認できた．

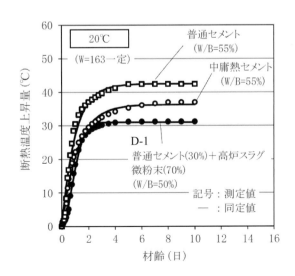

図1.9.11 配合シリーズ D の断熱温度上昇量の測定結果（V から転載）

配合シリーズCについて，簡易断熱試験の結果から断熱温度を推定し，断熱温度上昇量と断熱温度上昇特性に関する係数を算出した．結果を**図 1.9.12**および**表 1.9.3**に示す[IV]．

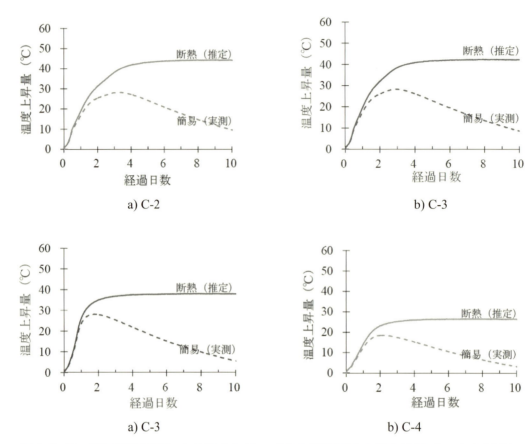

図 1.9.12　簡易断熱試験による配合シリーズCの断熱温度の推定結果（IVから転載）

表 1.9.3　配合シリーズCの断熱温度上昇特性 [IV]

配合名	$Q(t) = Q_\infty [1-\exp\{-r(t-t_{0,Q})\}]$		
	Q_∞	r	$t_{0,Q}$
C-2	44.8	0.636	0.100
C-3	42.7	0.734	0.112
C-4	38.0	1.195	0.131
C-5	26.6	0.942	0.116

注：他の配合については**表 2.3.1**を参照

配合シリーズDの断熱温度上昇特性について，JISに規定される種々のセメントの場合と比較した．JISに規定されるセメントの断熱温度上昇特性は 2017 年制定コンクリート標準示方書［設計編：標準］**解説 表 5.2.1**に基づき，結合材量を指標として計算した．比較した結果を**図 1.9.13**に示す．配合シリーズDの混和材を大量に使用したコンクリートの終局断熱温度上昇量 Q_∞ はいずれの配合についても低熱ポルトランドセメントの場合よりも小さく，JISに規定されるセメントより低発熱性に優れることを確認した．また，温度上昇速度に関する定数 r は配合により異なったが，いずれも普通ポルトランドセメント，早強ポルトランドセメント，フライアッシュセメントB種より小さく，高炉セメントB種，中庸熱ポルトランドセメント，低熱ポルトランドセメントより小さくなる配合もあることを確認した．

[資料編]

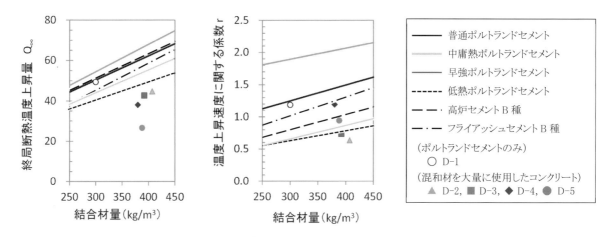

図 1.9.13　配合シリーズ D の断熱温度上昇特性の定数の比較（IV から作成）

1.10 環境負荷低減効果

　混和材を大量に使用したコンクリートは，一般のコンクリートと比べてポルトランドセメントの使用量が少なく，産業副産物に由来する混和材を大量に用いることから，セメント製造時の温室効果ガスの排出量や燃料使用量の削減，産業副産物の有効利用や天然資源の保護の推進などにより，地球環境，地域環境に対する環境負荷の低減が期待される．

　コンクリートの環境側面の検討において，環境への影響は環境負荷量に基づいて評価される．一般に，環境に対する影響評価は環境負荷量を集計した後，関連する影響領域（例えば，地球温暖化，オゾン層破壊，酸性化など）毎に分類し（分類化），各影響領域で統合して特性値を求め（特性化），対象領域への影響評価を進める．しかし，混和材を大量に使用したコンクリートの場合は，環境側面に関する特徴が温室効果ガスの排出量の削減や産業副産物の有効利用量の増加で代表されるため，環境負荷である温室効果ガス排出量や産業副産物利用量の増減を示すことが多く，環境への影響の程度を評価した事例は少ない．このため，本指針（案）では環境側面における当該コンクリートの特徴を"環境負荷低減効果"として示した．ただし，コンクリートの環境負荷量の増減に関する評価方法について発注図書等では指示されない場合が多いことから，本編 **2.7** では，適切な方法で評価し，方法とともに評価結果を示さなければならないことを明記した．具体的には，対象とする環境負荷，システム境界，インベントリーデーター（値と出典等），環境負荷の計算方法，効果を示すための基準や比較対象を明記するとよい．なお，環境への影響はライフサイクルに亘って評価すべきであるが，評価の目的によって適宜，範囲を絞ることができる．混和材を大量に使用したコンクリートを評価する場合は，使用材料の製造過程に限定して検討している事例が多い．

　混和材を大量に使用したコンクリートに使用する材料の製造過程における温室効果ガスの排出量の検討例を以下に示す [IV, VI]．検討条件を **表 1.10.1** に，使用したインベントリーデーター（CO_2 排出原単位）を **表 1.10.2** に，CO_2 ガスの排出量の算出結果を **表 1.10.3** に示す．混和材を大量に使用したコンクリートは使用する材料に由来する CO_2 ガスの排出量を大幅に抑制することが期待できる．

表 1.10.1　混和材を大量に使用したコンクリートの環境負荷低減効果の検討条件の例 [IV, VI]

	配合シリーズ C	配合シリーズ E
環境負荷	温室効果ガスのうち，CO_2 ガスの排出量	
システム境界	・使用材料の製造過程のみを対象とする ・各材料製造後，コンクリートの製造工場までの運搬は含まない ・各材料の製造に係るバウンダリーの設定はそれぞれのインベントリーデーターの出典を参照のこと	
インベントリーデーター	**表 1.10.2** 参照	
環境負荷の計算方法	配合表（**表 1.3.3**）に基づき各材料にインベントリーデーター（排出原単位）を乗じて積算（積み上げ法）．コンクリート $1m^3$ あたりの CO_2 排出量として表示．	
評価の基準，比較対象	一般のコンクリートの場合と比較．	

[資料編]

表 1.10.2 使用材料の CO_2 排出原単位

材料	CO_2 排出原単位 （kg-CO_2/t）		出典
	配合シリーズ C	配合シリーズ E	
ポルトランドセメント	764.3	764.3	1)
高炉スラグ微粉末	26.5	26.5	2)
フライアッシュ	19.6	—	2)
シリカフューム	19.6	—	3)
せっこう	16.1	—	4)
膨張材	—	764.3	5)
消石灰	—	844.6	6)
石灰石微粉末	—	16.1	2)
水	0.2	0.2	7)
細骨材	2.9	2.9	2)
粗骨材	3.7	3.7	2)
AE 減水剤	—	—	8)
空気量調整剤	—	—	8)

1) セメント協会：セメントの LCI データの概要，2013

2) 土木学会：コンクリートの環境負荷評価（その2），コンクリート技術シリーズ 62, pp.39-40, 2004

3) 原単位が整備されていなかった．製造工程が主に分級のみであるため，類似すると推察されるフライアッシュと同一と仮定した．

4) 原単位が整備されていなかった．製造工程が主に天然鉱石の粉砕・分級であるため，類似すると推察される石灰石微粉末と同一と仮定した．

5) 原単位が整備されていなかった．製造工程に焼成過程が含まれ，類似すると推察されるポルトランドセメントと同一と仮定した．

6) 日本石炭協会：石炭産業環境への取り組み 2012 年度版（http://www.jplime.com/pamp/kankyou007.pdf）を基に，原料の脱炭酸量を追加して原単位とした．

7) 東京都水道局：環境報告書 2012, p.3, 2012

8) 化学混和剤の CO_2 排出原単位は 50〜350kg/t であるが，使用量が 5kg/m³ 以下と少ないため考慮しないこととした．

表 1.10.3 混和材を大量に使用したコンクリートの CO_2 排出量の低減効果の例 [IV, VI]

配合シリーズ C			配合シリーズ E		
配合名※	CO_2 排出量 （kg-CO_2/m³）	CO_2 排出量の削減率 （%）	配合名※	CO_2 排出量 （kg-CO_2/m³）	CO_2 排出量の削減率 （%）
C-1	235	基準	E-1	235	基準
C-2	91	▲61	E-2	66	▲72
C-3	44	▲81	E-3	64	▲73
C-4	87	▲63	E-4	51	▲78
C-5	85	▲64			

※：配合は表 1.3.3 を参照

このように，材料製造に関わる CO_2 排出量を比較することで，混和材を大量に使用したコンクリートの環境側面の特徴を明確に表すことができる．一方，このような方法により評価する場合，影響要因としての評価（インベントリー分析）に留まり，環境への影響を評価していないことのほか，次のような課題があることを認識して，評価の結果を用いる必要がある．

［バウンダリーの設定により結果が異なる］
・使用材料の運搬を考慮していないため，これを加味するとコンクリートを製造，利用する地理的な条件により CO_2 排出量が異なり，所定の低減効果が得られないことがある．特に産業副産物等，供給地が限定される材料について，供給地から遠隔地となる場合に注意が必要である．

「インベントリーデーターの質を考慮した検討が求められる」
・CO_2 排出原単位が公開されていない材料がある．なお，この場合はこれを明示し，対応の方法を示さなければならない．
・CO_2 排出原単位が公開されている材料であっても，算定年次が“古い”など，評価の対象時期と一致しない場合がある．
・使用材料により，原料の調達や副産物の利活用，製造設備に関する取扱いなどが異なる可能性があり，排出原単位の算出におけるバウンダリーが異なるデーターが混在する．
・材料の製造者や銘柄毎に値が公開されている場合と，同種の材料全般として示される場合がある．
・公開されている値は統計的な処理による“平均的な値”である場合や，特定の算出プロジェクトによる“代表例としての値”である場合がある．また，算出方法も経済統計や産業統計を用いるもの，現地で実測を行うもの，カタログや仕様書による性能から算出するもの（例えば，機器等のエネルギー消費に伴う環境負荷量の算出）など多様である．

すなわち，使用する材料の製造に由来する CO_2 ガスの排出量の評価は，混和材を大量に使用したコンクリートの環境側面について一般的な特徴を示す点において有用である．しかし，“目前のコンクリート”が正確にその量の CO_2 を排出しているわけではないことに注意が必要である．

[資料編]

2章　混和材を大量に使用したコンクリートの事例

2.1　鋼材腐食に対する照査の事例

2.1.1　中性化と水の浸透に伴う鋼材腐食に対する照査

　本指針（案）では，中性化と水の浸透に伴う鋼材腐食に対する照査は 2017 制定のコンクリート標準示方書に従って鋼材腐食深さに対して行うことを原則とし，これが困難な場合には中性化深さに対する照査をもって代替してよいとした．鋼材腐食深さに対する照査ではコンクリートの水分浸透速度係数の特性値 q_k を用いるが，**表 1.3.3** に配合を示した混和材を大量に使用したコンクリートでは得られていないため，中性化に伴う鉄筋腐食に関する照査方法の適用を検討した事例を示す．

　混和材を大量に使用したコンクリートの場合，照査方法は一般のコンクリートと同様であるが，中性化速度係数が異なるため，この特性値をまとめた．配合から予測する方法や促進中性化試験による方法（本編 3.4.2 参照）に比して望ましいとされる暴露試験による結果について，共通暴露試験で得られた中性化速度係数 [I, III-VI] から求めた特性値を**表 2.1.1** に示す．いずれの配合も材齢 28 日程度まで水中養生を行い，暴露試験を行った．暴露試験の期間は配合により若干異なった．暴露試験と同様な環境条件で検討を行う場合には，暴露試験で得られた値は，中性化速度係数の特性値 α_k と環境作用の程度を示す β_e の積（＝ $\alpha_k \cdot \beta_e$）として利用することができる．暴露試験の環境とは異なる環境で検討を行う場合や環境を特定しないで検討を行う場合は，各配合について 3 箇所の試験場での結果を比較し，最大値を特性値 α_k とした．

表2.1.1　混和材を大量に使用したコンクリートの中性化速度係数の特性値

配合名	暴露試験と同じ環境で検討を行う場合						暴露試験と異なる環境で検討を行う場合
	暴露試験場所 新潟		暴露試験場所 沖縄		暴露試験場所 つくば		中性化速度係数の特性値 α_k (mm/√年)
	$\alpha_k \cdot \beta_e$※ (mm/√年)	暴露期間 （月）	$\alpha_k \cdot \beta_e$※ (mm/√年)	暴露期間 （月）	$\alpha_k \cdot \beta_e$※ (mm/√年)	暴露期間 （月）	
A-3	3.3	40	2.7	40	3.3	40	3.3
A-4	3.9	40	4.0	40	4.1	40	4.1
A-5	3.2	40	2.3	40	3.6	40	3.6
A-6	6.1	40	6.1	40	6.2	40	6.2
B-4	0.6	41	0.8	21	1.0	41	1.0
B-5	1.7	41	1.2	42	2.2	41	2.2
B-6	3.0	41	2.4	42	2.8	41	3.0
B-7	1.5	41	1.0	21	1.7	41	1.7
B-8	2.0	41	1.2	42	2.2	41	2.2
B-9	3.1	41	2.2	42	3.7	41	3.7
B-10	2.5	41	2.8	42	4.0	41	4.0
C-2	1.6	20	2.0	20	3.7	38	3.7
C-3	1.5	20	2.4	20	3.1	38	3.1
C-4	3.2	20	4.1	20	5.5	38	5.5
C-5	3.1	20	4.7	20	5.2	38	5.2
D-2	5.0	23	3.7	23	4.0	31	5.0
E-2	3.6	20	4.2	20	4.6	38	4.6
E-3	3.2	20	3.6	20	4.0	38	4.0
E-4	3.5	20	4.8	20	4.7	38	4.8

※：中性化速度係数の特性値 α_k と環境作用の程度を示す β_e の積

以下に，混和材を大量に使用したコンクリートについて中性化と水の浸透に伴う鋼材腐食に対する照査を2017年制定コンクリート標準示方書［設計編］の手順に従って行い，必要なかぶりを検討した事例を示す．

①中性化速度係数の特性値 α_k
　　平均的な特徴を有する混和材を大量に使用したコンクリートを仮想し，環境条件を特定しない例として，**表**2.1.1の暴露試験と異なる環境で検討を行う場合の特性値の平均値 3.7 mm/√年とした．

②中性化深さの設計値 y_d
　　次に，中性化速度係数の設計値：α_d を本編 式（3.4.6）から求めた．
$$\alpha_d = \alpha_k \cdot \beta_e \cdot \gamma_c = 3.7 \times 1.6 \times 1.0 = 5.9 \text{ mm/√年}$$
　　ここで，β_e ：環境作用の程度を表す係数．一般的な値として1.6とした．
　　　　　 γ_c ：コンクリートの材料係数．一般的な値として1.0とした．
　　中性化深さの設計値 y_d はばらつきを考慮し，以下のようにした．
$$y_d = \gamma_{cd} \cdot \alpha_d \sqrt{t} = 1.15 \times 5.9 \times \sqrt{t} = 6.8 \times \sqrt{t} \text{ mm}$$
　　ここで，γ_{cd}：中性化深さの設計値 y_d のばらつきを考慮した安全係数．一般的な値として1.15とした．
　　　　　 t：耐用年数（年）

③中性化に伴う鉄筋腐食に対する設計かぶりの計算
　　耐用年数に応じた設計かぶりの最小値：c（本編 式（3.4.3）において $\gamma_i \cdot y_d / y_{lim} = 1$ となるかぶり）を求めた．なお，施工誤差：$\Delta c_e = 15$mm，中性化残り：$c_k = 10$mm（通常環境下），$\gamma_i = 1.0$ とした．
$$c_d = c - \Delta c_e = c - 15 \text{ mm}$$
$$y_{lim} = c_d - c_k = (c - 15) - 10 = c - 25 \text{ mm}$$
$$\gamma_i \cdot y_d / y_{lim} = 1.0 \times (6.8 \times \sqrt{t}) / (c - 25) = (6.8 \times \sqrt{t}) / (c - 25) = 1$$

　　比較のため水結合材比55％の高炉セメントB種を用いたコンクリート（ポルトランドセメント：高炉スラグ微粉末＝6：4，中性化速度係数の特性値 2.1 mm/√年）について，混和材を大量にしたコンクリートと同一の条件で計算した．なお，中性化速度係数の特性値は 2017 年制定コンクリート標準示方書［設計編：標準］式（解 3.1.5）に従って求めた．また，検討する環境条件が共通暴露試験を行った"新潟"と同一であるとして，平均的な特徴を有する混和材を大量に使用したコンクリートを仮想し，**表**2.1.1の"新潟"に関する $\alpha_k \cdot \beta_e$ の平均値 2.9 mm/√年を用いて同様に計算を行った．これらの結果をあわせて**図**2.1.1に示す．

　　混和材を大量に使用したコンクリートについて，中性化と水の浸透に伴う鋼材腐食に対する照査を中性化深さに対する照査により行うと，平均的な特徴を持つ混和材を大量に使用したコンクリートは中性化の進行が速く，高炉セメントB種を用いたコンクリートよりも大きなかぶりが必要となることが確認された．一方，使用環境に一致する環境の暴露試験の結果が利用できると，かぶりは一般のコンクリート程度に削減できる可能性があることも確認できた．暴露試験や実際の施工等の経験や実績を積むことでより合理的な照査が可能になると思われる．さらに，混和材を大量に使用したコンクリートについて水分浸透速度係数の特性値 q_k の取得が進むと鋼材腐食深さを用いて照査できるようになり，水の浸透が遅い場合には，中性化の進行が速

くとも鋼材腐食が速く進むことはないため，混和材を大量に使用したコンクリートの普及の助けとなる．なお，中性化等の進行により空隙構造が変化し，当初，見込んだ水分浸透速度係数の特性値 q_k とは異なる値に変化する場合も想定されるため，種々の要因の影響に留意して水分浸透速度係数の特性値を用いた評価についても実施できるよう，情報の整備を進めることが重要である．

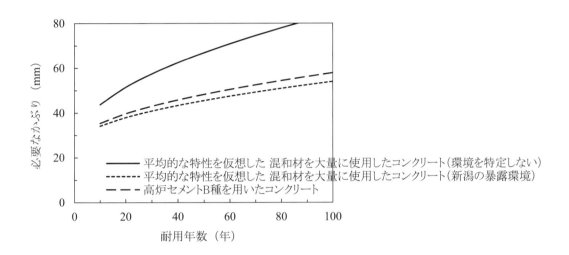

図 2.1.1 中性化に伴う鉄筋腐食に対して必要なかぶりを検討した事例

2.1.2 塩害環境下における鋼材腐食に対する照査

本指針（案）では，塩害環境下における鋼材腐食に対する照査は2017年制定コンクリート標準示方書［設計編］に従うことを原則とした．照査には，材料の特性を表すものとして塩化物イオンに対する拡散係数の特性値，塩化物イオンの鋼材腐食発生限界濃度を用いる．混和材を大量に使用したコンクリートの塩化物イオンに対する拡散係数は，対象構造物と同様の環境作用を受ける実構造物から試料を採取して分析するほか，浸せき試験により求めてもよいことを本編 3.4.3 に記した．また，この拡散係数は資料編 1 7.2 に示したように浸せき期間が長くなると小さくなる傾向にあること，さらにそれを理解した上で浸せき期間を長くしてより小さな値の拡散係数を利用してよいことを示した．表1.3.3の混和材を大量に使用したコンクリートについて浸せき試験を行い，配合毎に最も長い試験材齢で得られた拡散係数[I, III-VI]を特性値とし，**表2.1.2**に示した．浸せき試験には，材齢約28日まで20℃で水中養生した試験体を用いた．なお，共通暴露試験では，現時点で最長3.5年間暴露したときのデータが得られているが，いずれの配合も塩化物イオンの侵入量が少なく実環境における拡散係数は得られていない．

表2.1.2 混和材を大量に使用したコンクリートの塩化物イオンに対する拡散係数の特性値

配合名	塩化物イオンの拡散係数の特性値 (cm²/年)	浸せき試験 NaCl濃度 (%)	浸せき試験 浸せき期間 (年)
A-3	0.24	10	1.7
A-4	0.31	10	1.7
A-5	0.22	10	1.7
A-6	0.40	10	1.7
B-4	0.64	10	1
B-5	0.18	10	1
B-6	0.38	10	1
B-7	0.25	10	1
B-8	0.24	10	1
B-9	0.20	10	1
B-10	0.25	10	1
C-2	0.22	3	2
C-3	0.34	3	2
C-4	0.24	3	2
C-5	0.16	3	2
D-2	0.20	10	1
E-2	0.24	3	1
E-3	0.28	3	1
E-4	0.36	3	1

また資料編 1.7.2 では，混和材を大量に使用したコンクリートの塩化物イオンに対する拡散係数は，浸せき試験期間の増加に反比例して拡散係数が小さくなる可能性があることを指摘した．浸せき期間を変えて拡散係数を求めた配合について[I, IV-VI]，各配合の浸せき期間が 1 年のときの拡散係数を"1"としたときの変化の様子を図 2.1.2 に示した．配合により相違はあるが拡散係数は概ね浸せき期間に対して反比例していることが確認できた．

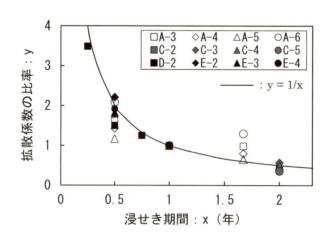

図 2.1.2 混和材を大量に使用したコンクリートの塩化物イオンに対する拡散係数の変化

以下に，混和材を大量に使用したコンクリートについて塩害環境下における鋼材腐食に対する照査を2017年制定コンクリート標準示方書［設計編］の手順に従って行い，必要なかぶりを検討した事例を示す．

① 表面における塩化物イオン濃度 C_0

　飛来塩分が少ない地域の汀線付近に設置されるコンクリートを想定し，表面塩化物イオン濃度 C_0 を 2.5kg/m³ とした．

② 塩化物イオンに対する拡散係数の特性値 D_k

　塩化物イオンの拡散係数の特性値：D_kは，平均的な特徴を有する混和材を大量に使用したコンクリートを仮想し，**表**2.1.2に示す値の平均値 0.28 cm²/年とした．

③ 鋼材位置における塩化物イオンの設計値 C_d

　塩化物イオンに対する設計拡散係数は，本編 式（3.4.9）から求めた．ここではひび割れは無いものと仮定した．

$$D_d = \gamma_c \cdot D_k + \lambda \cdot \left(\frac{w}{l}\right) \cdot D_0 \ = \ 1.0 \times 0.28 + 1.5 \times 400 \times 0 \ = \ 0.28 \ \text{cm}^2/\text{年}$$

ここに，　γ_c：コンクリートの材料係数．一般的な値として 1.0 とした．

　　　　　λ：ひび割れの存在が拡散係数に及ぼす影響を表す係数．一般的な値として 1.5 とした．

　　　　　D_0：コンクリート中の塩化物イオンの移動に及ぼすひび割れの影響を表す定数（cm²/年）．一般的な値として 400cm²/年とした．

　　　　　w/l：ひび割れ幅とひび割れ間隔の比．ここでは 0 とした．

鋼材位置における塩化物イオンの設計値：C_dは本編 式（3.4.8）から求めた．

$$C_d = \gamma_{cl} \cdot \left[C_0 (1 - erf \frac{0.1 \cdot c_d}{2\sqrt{D_d \cdot t}}) \right] + C_i = \ 1.3 \cdot \left[\ 2.5 \cdot (1 - erf \frac{0.1 \cdot c_d}{2\sqrt{0.28 \cdot t}}) \right] + 0.3 \qquad (\text{kg/m}^3)$$

ここに，　γ_{cl}：鋼材位置における塩化物イオン濃度の設計値 C_d のばらつきを考慮した安全係数．一般的な値として 1.3 とした．

　　　　　C_0：表面における塩化物イオン濃度（kg/m³）

　　　　　c_d：かぶりの設計値（mm）

　　　　　C_i：初期含有塩化物イオン濃度（kg/m³）．一般的な値として 0.3 kg/m³ とした．

　　　　　erf：誤差関数

　　　　　t ：塩化物イオンの侵入に対する耐用年数（年）

④ 塩化物イオンの侵入に伴う鉄筋腐食に対するかぶりの設計値の計算

　耐用年数とかぶりの設計値の最小値（本編 式（3.4.7）において $\gamma_i \cdot C_d / C_{lim} = 1$ となるかぶり）の関係を，構造物係数 γ_i を 1.0，塩化物イオンの腐食発生限界濃度 C_{lim} を 1.2（kg/m³）として計算した．

比較のため水結合材比 55％の高炉セメント B 種を用いたコンクリート（ポルトランドセメント：高炉スラグ微粉末＝6：4）の場合についても計算した．高炉セメント B 種コンクリートの拡散係数は 2017 年制定コンクリート標準示方書［設計編：標準］3.1.4.2 に示される式（解 3.1.9）による特性値 0.23 cm²/年を用いた．

塩化物イオンの腐食発生限界濃度は2017年制定コンクリート標準示方書［設計編：標準］3.1.4.1に示される式（3.1.9）から，1.67 kg/m³ とした．その他の計算条件は混和材を大量に使用したコンクリートの場合と同一とした．求めたかぶりを図2.1.3に示す．

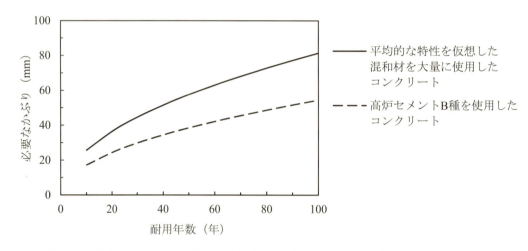

図2.1.3 塩化物イオンの侵入に伴う鉄筋腐食に対して必要なかぶり

検討を行った環境は，高炉セメントB種を用いたコンクリートを適用すると，耐用年数を100年としたときに50mm程度のかぶりが必要であると評価される環境であった．混和材を大量に使用したコンクリートのかぶりの設計値は，5割程度の増加が必要であることが分かる．換言するとかぶりを50mmとした場合には，40年程度の耐用年数しか期待できないこととなる．混和材を大量に使用したコンクリートと高炉セメントB種を用いたコンクリートにおいて，塩化物イオンの拡散係数はほぼ等しい値であったため，塩化物イオンの腐食発生限界濃度の相違により，必要なかぶりや耐用年数に差が生じている．資料編 1.8.2に示したように，混和材を大量に使用したコンクリートには塩化物イオンの侵入が遅滞することが期待されるが，十分な評価に至っていないこと，また，塩化物イオンの腐食発生限界濃度が正確に求められていないことが混和材を大量に使用したコンクリートの塩害環境への適用の障害となる可能性があることが，改めて確認された．塩化物イオンの侵入が著しく遅い点に特徴があることを活かして構造物に適用するためには，より長期の試験を行ってさらに小さな拡散係数を求めることのほか，早急に塩化物イオンの腐食発生限界濃度を求めることが重要である．

2.1.3 中性化と塩化物イオンの侵入の複合に伴う鋼材腐食に対する照査

混和材を大量に使用したコンクリートは中性化の進行が速いため，鋼材の腐食を検討する際に中性化と塩化物イオンの侵入を考慮することに加えて，これらが複合した場合について考慮を要する点に特色がある．表1.3.3に示す混和材を大量に使用したコンクリートの場合には，中性化残りを15mmとして中性化の進行による鋼材腐食を考慮することで，これが検討できるとした（資料編 1.7.3参照）．複合を考慮した場合のかぶりの設計値を，中性化深さにかぶりの施工誤差 $\Delta c_e = 15mm$ と塩害環境下の中性化残り $c_k = 15mm$ を加えて求めた．計算結果は，中性化の進行を単独で検討した例（図2.1.1から抜粋）と塩化物イオンの侵入を単独で検討した例（図2.1.3について，表面塩化物イオン濃度：C_0のみを変更して再計算）とともに図2.1.4に示す．また，対象とするコンクリート構造物の設置環境を確認するため，コンクリート表面塩化物イオン

濃度の設定に関する詳細を再掲した．

　混和材を大量に使用したコンクリートについて，平均的な特性を仮想した中性化速度係数および塩化物イオンの拡散係数を適用した場合，必要なかぶりは表面塩化物イオン濃度と耐用年数により異なった．すなわち，表面塩化物イオン濃度を高く設定する飛沫帯や汀線付近では，耐用年数によらず概ね塩化物イオンの侵入が必要なかぶりを決める支配要因となった．これに対し，表面塩化物イオン濃度が3.0〜4.5kg/m³となる海岸から0.25km程度までの距離では，耐用年数により塩化物イオンの侵入が支配要因となる場合と，中性化と塩化物イオンの侵入の複合作用が支配要因となる場合があった．さらに海岸から離れ，0.25kmを超えるようになると，耐用年数によらず中性化と塩化物イオンの侵入の複合作用が支配要因となった．この例のように，海岸からの距離により，構造物の耐久性を検討する際の支配要因が異なる場合があるため，留意して検討，照査を行う必要があることが確認された．例えば，図2.1.3に示した塩化物イオンの侵入に関する検討の場合（C_0=2.5kg/m³），塩分が飛来することを前提としているため，中性化の作用が懸念され，図2.1.4を参照すると中性化と塩化物イオンの侵入の複合作用を考慮しなければならないことが分かる．

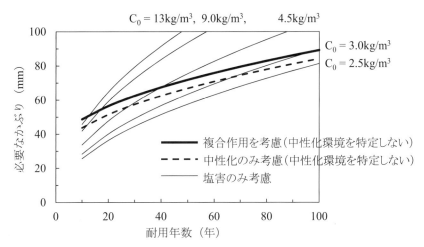

図2.1.4　中性化と塩化物イオンの侵入の複合に伴う鉄筋腐食に対するかぶりの設計値

［再掲］　本編　解説　表3.4.1　コンクリート表面塩化物イオン濃度C_0（kg/m³）

		飛沫帯	海岸からの距離（km）				
			汀線付近	0.1	0.25	0.5	1.0
飛来塩分が多い地域	北海道，東北，北陸，沖縄	13.0	9.0	4.5	3.0	2.0	1.5
飛来塩分が少ない地域	関東，東海，近畿，中国，四国，九州		4.5	2.5	2.0	1.5	1.0

2.2　凍害に対する照査の事例

　凍害に対する照査は，本編 3.5に示すように凍結融解試験における相対動弾性係数の特性値で照査することを原則とし，相対動弾性係数の特性値が90%以上の場合には凍害に対する照査を省略できるとした．一方，混和材を大量に使用したコンクリートについては資料編 1.7.1に記したように，耐久性指数が90を上回るように配合を調整されたものが多いことを確認している．したがって，これらのコンクリートについては相対動弾性係数が90%を上回ることになり，一般の構造物に適用する場合には，凍害に対する照査を省略することができる．

2.3 温度ひび割れに対する照査の事例

温度ひび割れに対する照査は，2017 年制定コンクリート標準示方書［設計編：本編］12 章に従って行うことを基本とすることとした．また，照査に用いる混和材を大量に使用したコンクリートの結合材の熱物性値は試験により定めることを原則とし，試験によらない場合は信頼できるデータから定めてよいとした．ここでは，照査に必要な混和材を大量に使用したコンクリートの熱物性値等の試験事例 [IV-VI] をとりまとめた．

断熱温度上昇特性は，式（資料編 2.3.1，本編 式（解 3.6.1）に同じ），または式（資料編 2.3.2）を適用することとし，求めたパラメーターを表 2.3.1 に示す．

$$Q(t) = Q_\infty \left(1 - e^{-r(t-t_0)}\right) \qquad\qquad \text{（資料編 2.3.1）}$$

$$Q(t) = Q_\infty \left(1 - e^{-r(t-t_0)^s}\right) \qquad\qquad \text{（資料編 2.3.2）}$$

ここに，$Q(t)$：材齢 t 日における断熱温度上昇量（℃）

$\quad Q_\infty$：終局断熱温度上昇量

$\quad r$：温度上昇速度に関する定数

$\quad t_0$：温度上昇の原点に関する定数

$\quad s$：断熱温度上昇速度に関する係数

表 2.3.1　混和材を大量に使用したコンクリートの断熱温度上昇特性 [IV-VI]

配合名	断熱温度上昇特性				
	適用する式	Q_∞	r	t_0	s
C-2	資料編 2.3.1	44.8	0.636	0.100	—
C-3	資料編 2.3.1	42.7	0.734	0.112	—
C-4	資料編 2.3.1	38.0	1.195	0.131	—
C-5	資料編 2.3.1	26.6	0.942	0.116	—
D-1	資料編 2.3.2	31.0	0.812	—	1.805
D-2（環境温度 10℃）	資料編 2.3.2	27.3	0.186	—	3.277
D-2（環境温度 20℃）	資料編 2.3.2	26.3	0.725	—	3.385
D-2（環境温度 30℃）	資料編 2.3.2	24.0	3.235	—	3.455
E-2（打込み温度 10℃）	資料編 2.3.1	20.0	0.977	0.282	—
E-2（打込み温度 30℃）	資料編 2.3.1	21.4	4.093	0.051	—

コンクリートの熱膨張係数は骨材の岩種やセメント種類の影響を受ける．混和材を大量に使用したコンクリートは結合材について，試験で得られた熱膨張係数 [IV-VI] を表 2.3.2 に示す．

表 2.3.2　混和材を大量に使用したコンクリートの熱膨張係数 [IV-VI]

配合名	熱膨張係数($\times 10^{-6}$/℃)
C-2	11.6
C-3	10.8
C-4	9.9
C-5	11.5
D-2	12.8
E-2	12.0

また，一般のコンクリートの温度ひび割れの照査においては，温度環境の変化を考慮するため，特性値について有効材齢を用いて表現することが多い．そこで，混和材を大量に使用したコンクリートについて，有効材齢による表現の適否について検討した．有効材齢 t' は 2017 年制定コンクリート標準示方書［設計編：標準］1 編 2.2 に示される式（解 2.2.7）に従って表すこととした．なお，ここでは式（資料編 2.3.3）と採番する．

$$t' = \sum_{i=1}^{n} \Delta t_i \cdot \exp\left[13.65 - \frac{4000}{273 + T(\Delta t_i)/T_0}\right]$$ （資料編 2.3.3）

ここに，Δt_i　：温度が T（℃）である期間の日数
　　　　$T(\Delta t_i)$：Δt_i の間継続するコンクリート温度（℃）
　　　　T_0　：1℃

混和材を大量に使用したコンクリートの圧縮強度の発現について有効材齢で表現し，適用性を確認した．圧縮強度は 2017 年制定コンクリート標準示方書［設計編：標準］6 編 5.1.1 に示される式（解 5.1.2）に従って表すこととした．なお，ここでは式（資料編 2.3.4）と採番する．配合シリーズ D に適用した場合の結果を図 2.3.1 に示し，式（資料編 2.3.4）に回帰して得られた定数を表 2.3.3 にまとめた[v]．なお，表には基準材齢（管理材齢）を 91 日とした場合についても掲載した．

$$f'_c(t') = \frac{(t'-s_f)}{a+b(t'-s_f)} f'_c(i)$$ （資料編 2.3.4）

ここに，$f'_c(t')$：有効材齢 t' 日におけるコンクリートの圧縮強度（N/mm²）
　　　　$f'_c(i)$：管理材齢 i 日におけるコンクリートの圧縮強度（N/mm²）
　　　　i：設計基準強度の基準材齢（日）
　　　　a,b：セメントの種類および基準材齢に応じた定数
　　　　S_f：セメントの種類に応じた硬化原点に対応する有効材齢（日）

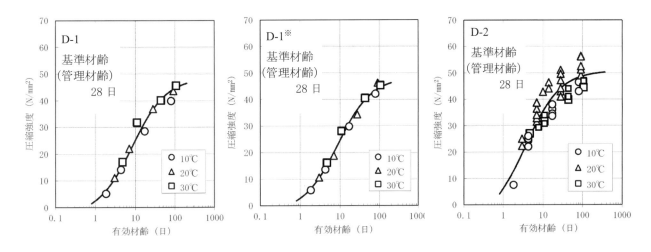

図 2.3.1　配合シリーズ D の有効材齢と圧縮強度の関係（V から転載）

※：普通ポルトランドセメントを早強ポルトランドセメントに変更

表2.3.3 配合シリーズDの圧縮強度発現式*における各係数[v]

配合名	a	b	S_f	$f'_c(i)$ $i=28$	$f'_c(i)$ $i=91$
D-1	6.7	0.76	0.53	36.9	—
	8.3	0.94	0.53	—	43.6
D-1※	6.7	0.72	0.44	34.9	—
	8.3	0.94	0.44	—	44.6
D-2	3.4	0.82	0.44	41.7	—
	3.7	0.96	0.44	—	48.7

＊：式（資料編 2.3.4）
※：普通ポルトランドセメントを早強ポルトランドセメントに変更

　混和材を大量に使用したコンクリートの圧縮強度は有効材齢と相関性が高く，圧縮強度の発現について有効材齢を用いて表現できることを確認した．また，類似の手法に積算温度を用いる方法がある．**図2.8.1**に示した強度発現のデータについて，積算温度を用いて整理し，**図2.8.2**および**表2.8.4**に示した[v]．積算温度と圧縮強度にも高い相関性がみられ，20℃－7日間に相当する積算温度 210（℃・D）にて，2つの対数近似式に分けて表現できることを確認した．

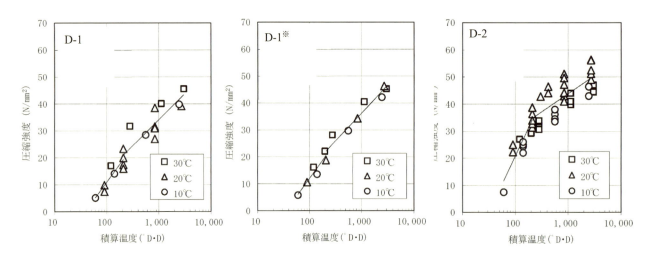

図2.3.2　配合シリーズDの積算温度と圧縮強度の関係（Vから転載）
※：普通ポルトランドセメントを早強ポルトランドセメントに変更

表2.3.4　配合シリーズDの積算温度と圧縮強度の関係[v]

配合名	積算温度：M (℃・D)	圧縮強度：σ_c (N/mm²)
D-1	60〜210	$\sigma_c = 26.2 \log_{10}(M) - 41.4$
	210〜3010	$\sigma_c = 19.3 \log_{10}(M) - 23.9$
D-1※	60〜210	$\sigma_c = 26.5 \log_{10}(M) - 41.1$
	210〜3010	$\sigma_c = 20.8 \log_{10}(M) - 26.3$
D-2	60〜210	$\sigma_c = 41.6 \log_{10}(M) - 62.4$
	210〜3010	$\sigma_c = 13.3 \log_{10}(M) + 3.9$

※：普通ポルトランドセメントを早強ポルトランドセメントに変更

［資 料 編］　117

　混和材を大量に使用したコンクリートについても，一般のコンクリートと同様に有効材齢を指標として，圧縮強度の発現が表現できることが確認できた．これを踏まえ，以下に有効材齢を利用した特性の評価や設定法について示す．

　温度ひび割れに対する照査において，2017 年制定コンクリート標準示方書［設計編：標準］6 編 では，ひび割れ指数の算定に用いるコンクリートの引張強度には，構造物中のコンクリートの引張強度を用いる必要があることが記されている．また，一般的な施工条件や標準的な施工の影響を受けた構造物中のコンクリートの引張強度の材齢に伴う変化は，一般にその圧縮強度から推定できることも併せて記載されており，有効材齢を用いて式（資料編 2.3.5，本編 式（解 3.6.4）に同じ）のように表現することができる．

$$f_{tk}(t') = c_1 \cdot f_c'(t')^{c_2}$$
（資料編 2.3.5）

ここに，$f_{tk}(t')$：有効材齢 t' 日におけるコンクリートの引張強度（N/mm²）

　　　　$f_c'(t')$：有効材齢 t' 日におけるコンクリートの圧縮強度（N/mm²）

　　　　c_1, c_2：養生方法等によって定まる定数

　　　　t'　　：有効材齢（日）．式（資料編 2.3.3）に示す．

　2017 年制定コンクリート標準示方書［設計編：標準］6 編 5.1.1 では，式（資料編 2.3.5）において，c_1=0.13，c_2=0.85 とすることを標準としている．この定数による引張強度は，一般的な施工条件や標準的な施工による影響を受けた構造物中のコンクリートの引張強度は供試体の割裂引張強度から 2 割程度低減した値となる，と一般に考えられていることを前提に構造物中のコンクリートの引張強度を定めたものである．

　混和材を大量に使用したコンクリートの圧縮強度は有効材齢を指標として推定することが可能であり，また，引張強度は圧縮強度を用いて一般のコンクリートと同じ推定式で推定できることが確認されている（資料編 1.6.2 参照）．したがって，混和材を大量に使用したコンクリートについても，構造物中のコンクリートの引張強度は供試体の割裂引張強度から 2 割程度低減した値となると仮定すると，一般のコンクリートの場合と同様な式と定数を用いて構造物中の引張強度を推定することができる．

　なお，一般のコンクリートにおいて標準とされる c_1=0.13，c_2=0.85 は水中養生された供試体に基づいて定められたものであり，水中養生と同等の養生ができない場合には適切に修正しなければならないとされている．特に混和材を大量に使用したコンクリートでは，一般のコンクリートの場合より養生条件の影響を敏感に受ける可能性があるため十分な確認が必要である．

　温度ひび割れに対する照査を行う際には，有効ヤング係数を用いて温度応力を計算する．混和材を大量に使用したコンクリートの有効ヤング係数は，試験により定めることを原則としている．なお，試験によらない場合は，2017 年制定コンクリート標準示方書［設計編：標準］6 編 5.1.2 に示される式（解 3.6.6）（式（資料編 2.3.6）として再掲）を用いてよいとされている．

$$E_e(t') = \Phi_e(t') \times 6.3 \times 10^3 f_c'(t')^{0.45}$$
（資料編 2.3.6）

ここに，$E_e(t')$　：有効材齢 t' 日における有効ヤング係数（N/mm²）

　　　　$f_c'(t')$　：有効材齢 t' 日の圧縮強度（N/mm²）

　　　　$\Phi_e(t')$　：クリープの影響を考慮するためのヤング係数の低減係数

　　　　　　　　　最高温度に達する有効材齢まで（ただし，複数リフト等で温度の増減が複数回生じる場

合には，最初のピーク温度時の有効材齢まで）：$\Phi_e(t')$=0.42

最高温度に達する有効材齢＋1有効材齢（日）以降：$\Phi_e(t')$=0.65

最高温度に達する有効材齢後の1有効材齢（日）までは直線補間する．

　ここでは式（資料編 2.3.6）を参考に，試験により有効ヤング係数を検討した例を示す．クリープの影響を考慮するためのヤング係数の低減係数 $\Phi_e(t')$ は，コンクリートの硬化過程におけるクリープやリラクゼーション等の影響を考慮するものであるが，この係数については式（資料編 2.3.6）の値を利用し，右辺の残りの項について実験的に検討した例である．残りの項をヤング係数 E_c とし，式（資料編 2.3.6）から取り出すと，$E_c = 6.3 \times 10^3 \cdot f'_c(t')^{0.45}$ と書ける．配合シリーズDについて，この関係を図2.3.3に示す[V]．定数項を6.3→7.4，0.45→0.39に修正することで，より正確に記述できることが確認できた．

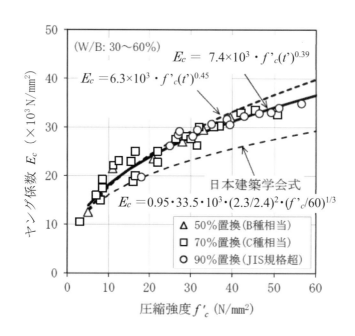

図2.3.3　配合シリーズDにおける圧縮強度とヤング係数の関係（Vから転載）

　混和材を大量に使用したコンクリートは高炉スラグ微粉末を多く使用しており，自己収縮ひずみが大きくなる可能性がある．一部の配合については資料編 1.9.1 に示したが，配合によりその値は異なり，温度ひび割れにおける照査において無視できない場合もある．したがって，温度応力解析には自己収縮ひずみを考慮することを基本とした．自己収縮ひずみの推定式は，適切な試験に基づいて定めるものとし，せっこうにより水和初期に膨張挙動を示す場合は，収縮成分と膨張成分のひずみを式（資料編 2.3.7，本編 式（解 3.6.2）に同じ）および式（資料編 2.3.8，式（解 3.6.3）に同じ）のように表現することとした．求めたパラメーター[IV-VI]を表2.3.5に示す．

$$\varepsilon_{sh}(t') = -\varepsilon_{sh\infty}\left[1 - \exp\left\{-a_{sh}(t' - t_0)^{b_{sh}}\right\}\right] \quad \text{（資料編 2.3.7）}$$

$$\varepsilon_{ex}(t') = -\varepsilon_{ex\infty}\left[1 - \exp\left\{-a_{ex}(t' - t_0)^{b_{ex}}\right\}\right] \quad \text{（資料編 2.3.8）}$$

ここに，t' ：有効材齢（日）

$\varepsilon_{sh}(t')$ ：有効材齢 t' 日までの自己収縮ひずみの収縮成分（$\times 10^{-6}$）

$\varepsilon_{sh\infty}$ ：自己収縮ひずみの収縮成分の最終値（$\times 10^{-6}$）

a_{sh} および b_{sh} ：自己収縮ひずみの収縮成分の係数

t_0 ：凝結の始発（日）

$\varepsilon_{ex}(t')$ ：有効材齢 t' 日までの自己収縮ひずみの膨張成分（$\times 10^{-6}$）

$\varepsilon_{ex\infty}$ ：自己収縮ひずみの膨張成分の最終値（$\times 10^{-6}$）

a_{ex} および b_{ex} ：自己収縮ひずみの膨張成分の係数

表 2.3.5 混和材を大量に使用したコンクリートの自己収縮ひずみ [IV-VI)]

| 結合材の構成 | 自己収縮ひずみ $\varepsilon(t) = \varepsilon_{sh}(t) + \varepsilon_{ex}(t)$ | | | | | | | |
| | 収縮成分のパラメーター | | | | 膨張成分のパラメーター | | | |
	ε_{sh}	a_{sh}	b_{sh}	t_0	ε_{ex}	a_{ex}	b_{ex}	t_0
C-2	190	0.28	0.61	—	—	—	—	—
C-3	203	0.64	0.48	—	—	—	—	—
C-4	112	0.04	1.31	—	125	5.18	2.19	—
C-5	305	0.26	0.79	—	—	—	—	—
D-2	300	0.17	0.54	0.70	115	14	2.5	0.70
E-2※	217	0.65	0.49	—	—	—	—	—
E-2#	244	0.17	0.80	—	86.0	7.8	1.2	—

※：断熱環境，打ち込み時のコンクリート温度約 30℃．　#：環境温度 20℃

　混和材を大量に使用したコンクリートについて，温度ひび割れに対する照査を行うために必要な特性や特性値の求め方とその事例について示した．照査に関わる温度解析や応力解析は一般のコンクリートの場合と同様の方法や手順で実施できることを確認している．また，一般のコンクリートに対する解析手法は複数あるが，混和材を大量に使用したコンクリートへの適用が適さない方法が存在するとの報告例もみられない．したがって，ここでは照査に関わる解析については詳述しない．なお，共同研究報告書に記載されている配合については，共同研究報告書や関連する資料（資料編 2.5 を参照）にて温度ひび割れに対する照査の結果を報告している場合があるので必要に応じて参照願う．

2.4 製造および施工の事例

　混和材を大量に使用したコンクリートについて，レディーミクストコンクリート工場で製造した事例や，施工の事例を**表 2.4.1** としてとりまとめた．各事例については以降の表で説明する．

表 2.4.1　混和材を大量に使用したコンクリートの適用実績

番号	施工時期	配合	構造物の種類・適用部位	適用部位，数量
1	2011 年 4 月	B シリーズ	工場設備基礎	154 m^3
2	2011 年 9 月〜11 月	B シリーズ	高速道路 U 型擁壁底版　トンネル調整コンクリート	底版：225 m^3　調整コンクリート：98 m^3
3	2012 年 2 月	B シリーズ	機械基礎構造物	1,193 m^3
4	2013 年 4 月〜2013 年 6 月	B シリーズ	メガソーラー架台基礎・設備基礎	5,183 m^3
5	2015 年 6 月〜2017 年 12 月	B シリーズ	高速道路付帯構造物	3,900 m^3
6	2015 年 9 月下旬	C-2	二次製品工場　床スラブ	2.3 m^3
7	2018 年 2 月	C-2	実験施設　床スラブ	68 m^3
8	2016 年 7 月	D-1	民地境界擁壁	14.5 m^3
9	2016 年 8 月	D-1	ボックスカルバート（側壁・頂版）	5.0 m^3
10	2016 年 12 月	D-1	建家屋上パラペット	6.0 m^3
11	2013 年 2 月下旬	E-1	実験棟土間	約 9 m^3　（厚さ 20〜40cm）
12	2013 年 8 月	E-1	工場施設　床スラブ	約 4 m^3　（厚さ約 20cm）
13	2015 年 9 月下旬	E-1	二次製品工場　床スラブ	2.3 m^3　（無筋）

※：配合シリーズとコンクリートの特徴

　A：ポルトランドセメントの 70〜85%を主に高炉スラグ微粉末で置換したコンクリート

　B：ポルトランドセメントの 70〜90%を 1〜4 種類の混和材で置換したコンクリート

　C：ポルトランドセメントの 75%あるいは 90%を 2〜3 種類の混和材で置換したコンクリート

　D：ポルトランドセメントの 70〜90%を高炉スラグ微粉末で置換したコンクリート

　E：ポルトランドセメントの使用量を"ゼロ"として高炉スラグ微粉末を主な結合材としたコンクリート

[資 料 編]　　　　　　　　　　　　　　　　　　　　　　　　　　　　　　　　121

表 2.4.1　混和材を大量に使用したコンクリートの適用実績（つづき）

特徴
外気温 11〜15 ℃において，ピストン式ポンプ，ブームにて打込み．
ピストン式ポンプを用い，底版はブームにて打込み．調整コンクリートは水平換算距離300 m，配管径5Bの配管で圧送．
外気温 -3〜9℃において，ピストン式ポンプ・ブームにて打込み．
外気温 10〜29℃において，ピストン式ポンプ，ブームおよびシュートにて打込み．
外気温 3〜32℃において，ピストン式ポンプ・ブームにて打込み．
2 次製品工場のプラントにて製造．
外気温 7〜14℃において打込み．打込み後に給熱養生を実施．
コンクリート打込み時の外気温 27 ℃
コンクリート打込み時の外気温 28 ℃
ピストン式ポンプを用い，水平換算距離 80m を配管径 5B の配管で圧送
コンクリート打込み時の外気温 11〜12℃（養生期間中の最低温度は 0℃以下）
ピストン式ポンプ（水平換算長 103m，配管径 5B）
コンクリート打込み時の外気温 30〜31 ℃
2 次製品工場のプラントにて製造．

表 2.4.2 混和材を大量に使用したコンクリートの適用事例（1）

配合シリーズB　事例1	
対象構造物	工場設備基礎
コンクリート打込み数量	154 m³
スランプ	21.0 ± 1.5 cm
空気量	4.5 ± 1.5 ％
鉄筋の有無	有り
施工時期	2011年4月
コンクリート打込み時の外気温	11〜15 ℃
コンクリートの製造設備	レディーミクストコンクリート工場
現場までの運搬時間	平均15 分
練混ぜミキサ種類・容量	種類：強制二軸ミキサ，容量：2 m³
場内運搬・打込み方法	ピストン式ポンプ・ブームにて打込み　配管径4インチ
状況写真	

打込み状況

施工後の状況

表 2.4.3 混和材を大量に使用したコンクリートの適用事例 (2)

配合シリーズB　事例2	
対象構造物	高速道路U型擁壁底版、トンネル調整コンクリート
コンクリート打込み数量	底版：225 m^3，調整コンクリート：98 m^3
スランプ	底版：15.0 ± 2.5 cm，調整コンクリート：18.0 cm ± 2.5 cm
空気量	4.5 ± 1.5 ％
鉄筋の有無	底版：有り，調整コンクリート：無し
施工時期	2011年9月～11月
コンクリート打込み時の外気温	底版：19℃，調整コンクリート：19 ～ 23 ℃
コンクリートの製造設備	レディーミクストコンクリート工場
現場までの運搬時間	45 分
練混ぜミキサ種類・容量	種類：強制二軸ミキサ，容量：2 m^3
場内運搬・打込み方法	ピストン式ポンプを使用 　底版：ブームにて打込み 　調整コンクリート：水平換算距離300 m，配管径：5B
状況写真	

底版コンクリート打込み状況

表 2.4.4 混和材を大量に使用したコンクリートの適用事例（3）

配合シリーズB 事例3	
対象構造物	機械基礎構造物
コンクリート打込み数量	1,193 m³
スランプ	15.0 ± 2.5 cm
空気量	4.5 ± 1.5 ％
鉄筋の有無	無し
施工時期	2012 年 2 月
コンクリート打込み時の外気温	－3 ～ 9 ℃
コンクリートの製造設備	レディーミクストコンクリート工場
現場までの運搬時間	40 分
練混ぜミキサ種類・容量	種類：強制二軸ミキサ，容量：2 m³
場内運搬・打込み方法	ピストン式ポンプ，ブームにて打込み
状況写真	

打込み状況

完成後の状況

表 2.4.5 混和材を大量に使用したコンクリートの適用事例（4）

配合シリーズB　事例4	
対象構造物	メガソーラー架台基礎・設備基礎
コンクリート打込み数量	5,183 m^3
スランプ	15.0 ± 2.5 cm
空気量	4.5 ± 1.5 ％
鉄筋の有無	有り
施工時期	2013年4月～2013年6月
コンクリート打込み時の外気温	10～29℃
コンクリートの製造設備	レディーミクストコンクリート工場
現場までの運搬時間	30分
練混ぜミキサ種類・容量	種類：強制二軸ミキサ，容量：3.3 m^3
場内運搬・打込み方法	ピストン式ポンプ，ブームおよびシュートにて打込み
状況写真	 施工後の状況

表 2.4.6 混和材を大量に使用したコンクリートの適用事例 (5)

配合シリーズB　事例5	
対象構造物	高速道路付帯構造物（均しコンクリート、コンクリートブロック胴込めコンクリート、調整池堰堤等）
コンクリート打込み数量	3,900 m^3
スランプ	8.0±2.5 cm
空気量	4.5 ± 1.5 %
鉄筋の有無	無し
施工時期	2015年6月～2017年12月
コンクリート打込み時の外気温	3～32℃
コンクリートの製造設備	レディーミクストコンクリート工場
現場までの運搬時間	30分
練混ぜミキサ種類・容量	種類：強制二軸ミキサ，容量：3 m^3
場内運搬・打込み方法	ピストン式ポンプ，ブームにて打込み
状況写真	 施工後の状況

表 2.4.7 混和材を大量に使用したコンクリートの適用事例（6）

配合C-2　事例1	
対象構造物	二次製品工場　床スラブ
コンクリート打込み数量	2.3 m^3
スランプ	15.0 ± 2.5 cm
空気量	4.5 ± 1.5 ％
鉄筋の有無	無し
施工時期	9月下旬
コンクリート打込み時の外気温	22 ℃
コンクリートの製造設備	2次製品工場のプラント
現場までの運搬時間	工場内であるため，運搬なし
練混ぜミキサ種類・容量	種類：強制二軸ミキサ，容量：2 m^3
場内運搬・打込み方法	バケットによる運搬および打込み
状況写真	

施工前の状況

バケットによる打込み状況

締固めおよび均し状況

養生完了後の状況

表 2.4.8 混和材を大量に使用したコンクリートの適用事例（7）

配合C-2　事例2	
対象構造物	実験施設　床スラブ
コンクリート打込み数量	68 m³
スランプ	18.0 ± 2.5 cm
空気量	4.5 ± 1.5 ％
鉄筋の有無	有（D10@200および250）
施工時期	2018年2月
コンクリート打込み時の外気温	7〜14 ℃（打込み後に給熱養生を実施）
コンクリートの製造設備	レディーミクストコンクリート工場
現場までの運搬時間	20分
練混ぜミキサ種類・容量	種類：強制二軸ミキサ，容量：3.1 m³
場内運搬・打込み方法	ピストン式ポンプ・ブームによる打込み

状況写真

荷卸し時の状態

施工前の状況

打込み状況

締固めおよび均し状況

表 2.4.9 混和材を大量に使用したコンクリートの適用事例（8）

配合D-1　事例1	
対象構造物	民地境界擁壁
コンクリート打込み数量	14.5 m^3
スランプ	18.0 ± 2.5 cm
空気量	4.5 ± 1.5 ％
鉄筋の有無	有筋（D13@250）
施工時期	2016年7月
コンクリート打込み時の外気温	27 ℃
コンクリートの製造設備	レディーミクストコンクリート工場
現場までの運搬時間	17分
練混ぜミキサ種類・容量	種類：強制二軸ミキサ，容量：3 m^3
場内運搬・打込み方法	コンクリートバケット
状況写真	 打込み状況  施工後の状況

表 2.4.10 混和材を大量に使用したコンクリートの適用事例（9）

配合D-1　事例2	
対象構造物	ボックスカルバート（側壁・頂版）
コンクリート打込み数量	5.0 m³
スランプ	18.0 ± 2.5 cm
空気量	4.5 ± 1.5 %
鉄筋の有無	有筋（D13@100）
施工時期	2016年8月
コンクリート打込み時の外気温	28℃
コンクリートの製造設備	レディーミクストコンクリート工場
現場までの運搬時間	30分
練混ぜミキサ種類・容量	種類：強制二軸ミキサ，容量：3 m³
場内運搬・打込み方法	コンクリートバケット
状況写真	

打込み状況

施工後の状況

[資料編]

表 2.4.11 混和材を大量に使用したコンクリートの適用事例（10）

配合D-1　事例3	
対象構造物	建家屋上パラペット
コンクリート打込み数量	6.0 m³
スランプ	18.0 ± 2.5 cm
空気量	4.5 ± 1.5 %
鉄筋の有無	有筋（D10@200）
施工時期	2016年12月
コンクリート打込み時の外気温	6℃
コンクリートの製造設備	レディーミクストコンクリート工場
現場までの運搬時間	31分
練混ぜミキサ種類・容量	種類：強制二軸ミキサ，容量：3 m³
場内運搬・打込み方法	ピストン式ポンプ・水平換算距離80m　配管径5 B
状況写真	

打込み状況

施工後の状況

表 2.4.12 混和材を大量に使用したコンクリートの適用事例（11）

配合E-2　事例1	
対象構造物	実験棟土間
コンクリート打込み数量	約9 m³（厚さ20~40cm，メッシュ筋設置）
スランプ	15 ± 2.5 cm
空気量	6.0 ± 1.5 ％
鉄筋の有無	有り
施工時期	2013 年2 月下旬
コンクリート打込み時の外気温	11～12℃（養生期間中の最低温度は0℃以下）
コンクリートの製造設備	レディーミクストコンクリート工場
現場までの運搬時間	約15 分
練混ぜミキサ種類・容量	種類：強制二軸ミキサ，容量：3 m³
場内運搬・打込み方法	ピストン式ポンプ（水平換算長103m，配管径5B）
状況写真	

施工前

施工後の状況

配合E-2　事例1

表 2.4.13 混和材を大量に使用したコンクリートの適用事例 (12)

配合E-2　事例2	
対象構造物	工場施設　床スラブ
コンクリート打込み数量	約4 m^3 （厚さ約20cm，メッシュ筋設置）
スランプ	15 ± 2.5 cm
空気量	6.0 ± 1.5 ％
鉄筋の有無	有り
施工時期	2013年8月
コンクリート打込み時の外気温	30～31 ℃
コンクリートの製造設備	レディーミクストコンクリート工場
現場までの運搬時間	20～30 分程度
練混ぜミキサ種類・容量	種類：強制二軸ミキサ，容量：3 m^3
場内運搬・打込み方法	施工場所付近までアジテーター車で運搬，人力により打込み
状況写真	

施工前

施工後

表 2.4.14 混和材を大量に使用したコンクリートの適用事例 (13)

配合E-2　事例3	
対象構造物	二次製品工場　床スラブ
コンクリート打込み数量	2.3 m³（無筋）
スランプ	18.0 ± 2.5 cm
空気量	6.0 ± 1.5 ％
鉄筋の有無	無し
施工時期	9月下旬
コンクリート打込み時の外気温	22 ℃
コンクリートの製造設備	2次製品工場のプラント
現場までの運搬時間	工場内であるためなし
練混ぜミキサ種類・容量	種類：強制二軸ミキサ，容量：2 m³
場内運搬・打込み方法	バケットによる運搬・打設
状況写真	

　　　打込み状況　　　　　　　　　　　　　均し状況

養生完了

［資　料　編］　　　　　　　　　　　　　　　　135

2.5　公表資料等一覧

【配合シリーズA：「共同研究報告書」全般について】
［解説記事等］
・中村英佑, 古賀裕久：低炭素型セメント結合材を用いたコンクリート構造物の設計・施工ガイドライン（案）の概要, プレストレストコンクリート, Vol. 59, No. 6, pp.16-21, 2017
・中村英佑, 古賀裕久, 渡辺博志：低炭素型セメント結合材を用いたコンクリート構造物の設計・施工ガイドライン（案）, コンクリート工学, Vol.54, No.10, pp.993-997, 2016
・中村英佑, 古賀裕久, 渡辺博志：低炭素型セメント結合材を用いたコンクリート構造物の設計・施工ガイドライン（案）, コンクリートテクノ, Vol.35, No.5, pp.9-14, 2016
［学術論文・学会発表等（社内報を含む）］
・E. Nakamura, H. Koga: Chloride Ingress in Concrete Containing GGBF Slag or Fly Ash, 10th ACI/RILEM International Conference on Cementitious Materials and Alternative Binders for Sustainable Concrete, ACI Technical Publication, SP-320-16, pp.16.1-16.10, 2017
・中村英佑, 栗原勇樹, 古賀裕久：暴露40か月後の混和材を多量に用いたコンクリートの塩化物イオン浸透, コンクリート工学年次論文集, Vol.39, No.1, pp.187-192, 2017
・中村英佑, 栗原勇樹, 古賀裕久：暴露40か月後の混和材を多量に用いたコンクリートの中性化抵抗性, コンクリート工学年次論文集, Vol.38, No.1, pp.171-176, 2016
・E. Nakamura, Y. Kurihara, H. Koga: Outdoor Exposure Test of Concrete Containing Supplementary Cementitious Materials, Key Engineering Materials, Vol.711, pp.1076-1083, 2016

【配合シリーズB】
［学術論文・学会発表等（社内報を含む）］
・小林利充, 一瀬賢一, 並木憲司：低炭素型のコンクリート「クリーンクリート®」, 大林組技術研究所報, No.80, pp.1-4, 2016
・溝渕麻子, 小林利充, 神代泰道, 新村亮：混和材を高含有したコンクリートの熱特性に関する検討, コンクリート工学年次論文集, Vol.37, No.1, pp.193-198, 2015
・小林利充, 齋藤賢, 一瀬賢一, 溝渕麻子：混和材を高含有したコンクリートの高強度化に関する一考察, コンクリート工学年次論文集, Vol.37, No.1, pp.217-222, 2015
・小林利充, 竹田宣典, 片野啓三郎, 一瀬賢一：混和材を高含有したコンクリートの中性化に関する一考察, コンクリート工学年次論文集, Vol.36, No.1, pp.112-117, 2014
・溝渕麻子, 小林利充, 近松竜一, 一瀬賢一：混和材を高含有したコンクリートの性能改善に関する実験的検討, コンクリート工学年次論文集, Vol.35, No.1, pp.157-162, 2013
・小林利充, 溝渕麻子, 近松竜一, 一瀬賢一：混和材を高含有したコンクリートの強度発現および促進中性化に関する実験的検討, コンクリート工学年次論文集, Vol.34, No.1, pp.118-123, 2012
・新村亮, 山下徹, 三浦律彦：道路構造物への混和材高含有コンクリートの適用, 土木学会第67回年次学術講演会講演概要集, V-496, pp.1077-1078, 2012
・小野栄, 三浦律彦, 新村亮, 新開千弘：震災廃棄物処理施設建設工事での低炭素型のコンクリートの冬期

施工と品質管理，土木学会第 67 回年次学術講演会講演概要集，V-496，pp.1087-1089，2012

・溝渕麻子，小林利充，近松竜一，一瀬賢一：低炭素型のコンクリートの強度発現性に及ぼす養生条件の影響，セメント・コンクリート論文集，Vol.66，pp.332-336，2012

・竹田宣典，半田敬二，近松竜二，一瀬賢一：高炉スラグ系材料を用いた低炭素型のコンクリートの性質と適用，アーバンインフラ・テクノロジー推進会議第 23 回技術研究発表会，E2，2011

・溝渕麻子，小林利充，近松竜一，一瀬賢一：環境配慮型コンクリートの基礎的性質に関する一考察，コンクリート工学年次論文集，Vol.33，No.1，pp.215-220，2011

・近松竜一，阿部論史，小林利充，溝渕麻子：高炉スラグ微粉末やフライアッシュを高含有させたコンクリートの中性化に関する一実験，土木学会第 66 回年次学術講演会講演概要集，V-263，pp525-526，2011

・新村亮，谷田部勝博，納弘，伊藤智章：副産物高含有コンクリートの施工試験，土木学会第 66 回年次学術講演会講演概要集，V-509，pp.1017-1018，2011

【配合シリーズ C】

［学術論文・学会発表等（社内報を含む）］

・白根勇二，太田健司，宮澤友基，今井嵩弓，宮野和樹：硬化促進剤を用いた低炭素型のコンクリートにおける施工事例，土木学会第 73 回年次学術講演会講演概要集，V-217，pp.433-434，2018

・太田健司，白根勇二，宮澤友基，舟橋政司，梶田秀幸：多成分の結合材をプレミックスした低炭素型の混合セメントの品質について，土木学会第 73 回年次学術講演会講演概要集，V-218，pp.435-436，2018

・白根勇二，太田健司，大脇英司，中村英佑：低炭素型のコンクリートのフレッシュ性状および圧送性，土木学会第 72 回年次学術講演会講演概要集，V-358，pp.715-716，2017

・白根勇二，梶田秀幸，宮原茂禎，中村英佑：実環境に暴露した低炭素型のコンクリートの強度特性および耐久性の評価，コンクリート工学年次論文集，Vol.38，No.1，pp.153-158，2016

・白根勇二，太田健司，宮原茂禎，荻野正貴，中村英佑：多成分の結合材で構成される低炭素型のコンクリートの施工事例，土木学会第 71 回年次学術講演会講演概要集，V-120，pp.239-240，2016

・白根勇二，梶田秀幸，舟橋政司，太田健司：環境に配慮した低炭素型のコンクリートの開発，前田建設技術研究所所報，Vol.57，2016

・荻野正貴，大脇英司，宮原茂禎，岡本礼子，坂本淳：フライアッシュと高炉スラグを高含有したコンクリートの基本性状，大成建設技術センター報，第 49 号，pp.18-1〜18-8，2016

・笹倉伸晃，白根勇二，宮原茂禎，中村英佑：養生条件が低炭素型のコンクリートの圧縮強度に及ぼす影響，コンクリート工学年次論文集，Vol.37，No.1，pp.205-210，2015

・荻野正貴，大脇英司，白根勇二，中村英佑：低炭素型のコンクリートの耐久性と性能評価方法の検討，コンクリート工学年次論文集，Vol.37，No.1，pp.211-216，2015

・白根勇二，梶田秀幸，宮原茂禎，荻野正貴，中村英佑：低炭素型のコンクリートの温度ひび割れ抵抗性に関する検討，土木学会第 70 回年次学術講演会講演概要集，V-496，pp.991-992，2015

・荻野正貴，大脇英司，白根勇二，舟橋政司，中村英佑：低炭素型のコンクリートの収縮特性，土木学会第 70 回年次学術講演会講演概要集，V-497，pp.993-994，2015

・荻野正貴，大脇英司，白根勇二，中村英佑：複数の環境に約 2 年間曝露した低炭素型のコンクリートの強度と耐久性，コンクリート工学年次論文集，Vol.36，No.1，pp.220-225，2014

［資 料 編］

・舟橋政司，白根勇二，荻野正貴，中村英佑：低炭素コンクリートの配合設計手法および硬化特性の検討，コンクリート工学年次論文集，Vol.36，No.1，pp.232-237，2014

・荻野正貴，大脇英司，白根勇二，宮野和樹，中村英佑：実環境に約2年間曝露した低炭素型のコンクリートの塩分浸透，土木学会第69回年次学術講演会講演概要集，V-189，pp.377-378，2014

・白根勇二，宮野和樹，荻野正貴，大脇英司，中村英佑：低炭素型のコンクリートの熱膨張係数および断熱温度上昇特性に関する検討，土木学会第69回年次学術講演会講演概要集，V-190，pp.379-380，2014

【配合シリーズD】

［学術論文・学会発表等（社内報等を含む）］

・土師康一，田中徹，新谷岳，澤村淳美，佐藤幸三，椎名貴快：高炉スラグ微粉末高含有コンクリートの強度特性に関する検討，土木学会第73回年次学術講演会講演概要集，V-206，pp.411-412，2018

・大橋英紀，土師康一，田中徹，椎名貴快：高炉スラグ微粉末高含有コンクリートの低温環境下でのフレッシュ性状と強度に関する実験的検討，コンクリート工学年次論文集，Vol.40，No.1，pp.159-164，2018

・井戸康浩，田中徹，土師康一，椎名貴快，我彦聡志，小池晶子：高炉スラグ微粉末高含有コンクリートの環境温度が各種性状に及ぼす影響，日本建築学会大会学術講演梗概集（東北），1361，pp.721-722，2018

・新谷岳，土師康一，澤村淳美，田中徹，椎名貴快，佐藤幸三，小池晶子：寒中環境での高炉スラグ微粉末高含有コンクリートの施工性に関する一考察，土木学会第72回年次学術講演会講演概要集，VI-567，pp.1133-1134，2017

・椎名貴快，田中徹，小池晶子，中村英佑：暑中環境下での高炉スラグ微粉末高含有コンクリートの基本特性と施工品質評価，コンクリート工学年次論文報告集，Vol.39，No.1，pp.157-162，2017

・椎名貴快，佐藤幸三：高炉スラグ微粉末4000をセメント代替として積極利用した低炭素型コンクリート「スラグリート®」の開発，西松建設技報，Vol.40，2017

・椎名貴快，佐藤幸三：高炉セメントC種コンクリートの暑中特性と施工性品質，西松建設技報，Vol.40，2017

・新谷岳，土師康一，田中徹，佐藤幸三，椎名貴快，小池晶子，守屋健一，中村英佑：高炉スラグ微粉末高含有コンクリートの収縮特性に関する検討，土木学会第71回年次学術講演会講演概要集，V-124，pp.247-248，2016

・椎名貴快，佐藤幸三，田中徹，土師康一，新谷岳，小池晶子，守屋健一，中村英佑：高炉スラグ微粉末を高含有したコンクリートの凍結融解抵抗性に与える湿潤養生期間と空気量の影響，第71回年次学術講演会講演概要集，V-123，pp.245-246，2016

・新谷岳，土師康一，田中徹：高炉スラグ微粉末を高含有した低炭素型コンクリート『スラグリート®』の開発，戸田建設技術研究報告，第42号，pp.10.1-10.8，2016

・土師康一，田中徹，佐藤幸三，椎名貴快，小池晶子，中村英佑：高炉スラグ微粉末高含有コンクリートの温度特性に関する検討，土木学会第70回年次学術講演会講演概要集，V-486，pp.971-972，2015

・椎名貴快，佐藤幸三，田中徹，土師康一，小池晶子，中村英佑：高炉スラグ微粉末高含有コンクリートの強度と耐久性に着目した湿潤養生期間，第70回年次学術講演会講演概要集，V-487，pp.973-974，2015

・川口泰弘，田中徹，佐藤幸三，椎名貴快：副産物を高含有した低炭素コンクリートの施工性に関する一考察，土木学会第67回年次学術講演会講演概要集，VI-331，pp.661-662，2012

・川口泰弘，林光芳，斎藤隆幸，田中徹，佐藤幸三，原田耕司，椎名貴快：副産物を高含有した低炭素コン

クリートの施工性に関する一検討，戸田建設技術研究報告第38号，pp.19.1-19.5，2012

・川口泰弘，林光芳，田中徹，斉藤隆幸，佐藤幸三，原田耕司，椎名貴快：副産物を高含有した低炭素コンクリートの施工性に関する一検討，土木建設技術発表会2012概要集，土木学会建設技術研究委員会，pp.168-171，2012.

［解説記事等］

・新谷岳，土師康一，田中徹，椎名貴快：高炉スラグ微粉末高含有コンクリートの現場適用，コンクリート工学，Vol.56，pp.240-245，2018

・土師康一，田中徹：低炭素型のコンクリート「スラグリート®」，クリーンエネルギー，pp.12-16，2017

［その他］

・西松建設，戸田建設：「コンクリート材料」，特許第6076722号

【配合ケースE】

［学術論文・学会発表等（社内報を含む）］

・宮原茂禎，大脇英司，岡本礼子，荻野正貴，坂井悦郎：高炉スラグ微粉末を大量使用した環境配慮コンクリートのC-S-Hの組成と構造，第73回土木学会年次学術講演会講演概要集，V-205，pp.409-410，2018

・岡本礼子，大脇英司，荻野正貴：Mgの添加による低炭素型コンクリートの中性化抑制効果について，第73回土木学会年次学術講演会講演概要集，V-087，pp.173-174，2018

・S. Miyahara, E. Owaki, M. Ogino, E. Sakai: Carbonation of a concrete using a large amount of blast furnace slag powder, Journal of the Ceramic Society of Japan, Vol.125 [6], pp.533-538, 2017

・岡本礼子，荻野正貴，宮原茂禎，大脇英司，中村英佑：中性化と塩分浸透の複合作用に対する環境配慮コンクリートの性能評価，土木学会第72回年次学術講演会，V-459，pp.917-918，2018

・宮原茂禎，荻野正貴，大脇英司，中村英佑：高炉スラグ微粉末を大量使用した環境配慮コンクリートの曝露試験および室内試験における耐久性，Cement Science and Concrete Technology，Vol.70，pp.443-449，2016

・堀口賢一，松元淳一，河村圭亮，坂本淳：低炭素型コンクリートを使用した二次製品の開発，コンクリート工学年次論文集，Vol.38，No.1，pp.213-218，2016

・M. Ogino, S. Miyahara, R. Okamoto, E. Owaki, J. Matsumoto, E. Nakamura: Durability and Appliation of Environmental-friendly Concrete without Portland Cement, International Symposium on Concrete and Structure for Next Geneation: Ikeda & Otsuki Symposium, pp.59-68, 2016

・宮原茂禎，荻野正貴，大脇英司，堀口賢一，坂本淳，丸屋剛，中村英佑：環境配慮コンクリートによる二次製品工場のスラブ施工，土木学会第71回年次学術講演会講演概要集，V-121，pp.241-242，2016

・岡本礼子，大脇英司，宮原茂禎，荻野正貴：環境配慮コンクリートの凍結融解抵抗性に空気連行剤が与える影響について，土木学会第71回年次学術講演会講演概要集，V-122，pp.243-244，2016

・宮原茂禎，大脇英司，荻野正貴，坂本淳，丸屋剛，真保亨一：高炉スラグ微粉末を使用したセメント"ゼロ"コンクリートの展開・普及に向けて，大成建設技術センター報，第49号，pp.17-1〜17-6，2016

・S. Miyahara, M. Ogino, R. Okamoto, E. Owaki, J. Matsumoto, J. Sakamoto, T. Maruya, E. Nakamura: Durability and Applications of Environmental-friendly Concrete with Slag and Calcium Activator, Fifth International Conference on Construction Materials: Performance, Innovations and Structural Implications, pp.319-328, 2015

・宮原茂禎，荻野正貴，大脇英司，中村英佑：高炉スラグ微粉末を大量使用した環境配慮コンクリートの曝

露試験および室内試験における耐久性，Cement Science and Concrete Technology，Vol.69，pp.69-75，2015

・宮原茂禎，荻野正貴，岡本礼子，大脇英司：混和材を大量使用した環境配慮コンクリートの冬期施工，コンクリート工学年次論文集，Vol.37，No.1，pp.1945-1950，2015

・宮原茂禎，荻野正貴，岡本礼子，大脇英司，坂本淳，丸屋剛，中村英佑：高炉スラグ微粉末を大量使用した環境配慮コンクリートの湿潤養生，第 70 回土木学会年次学術講演会講演概要集，V-484，pp.967-968，2015

・大脇英司，岡本礼子，宮原茂禎，天石文，北脇優子：環境配慮コンクリートのアルカリ溶出について，第 70 回土木学会年次学術講演会講演概要集，V-237，pp.473-474，2015

・M. Ogino, R. Okamoto, S. Miyahara, E. Owaki, J. Matsumoto, J. Sakamoto, T. Maruya: Durability of New Environment-Friendly Concrete without Portland Cement, RILEM international workshop on performance-based specification and control of concrete durability, pp.41-48, 2014

・大脇英司，宮原茂禎，荻野正貴，岡本礼子，坂本淳，松元淳一，丸屋剛，田中利博，湊康彦：高炉スラグを多量に使用した環境配慮コンクリートの夏期施工，第 69 回土木学会年次学術講演会講演概要集，V-191，pp.381-382，2014

・岡本礼子，宮原茂禎，荻野正貴，坂本淳，松元淳一，大脇英司，丸屋剛：暑中における環境配慮コンクリートの性状，第 69 回土木学会年次学術講演会講演概要集，V-192，pp.383-384，2014

・宮原茂禎，岡本礼子，荻野正貴，大脇英司，松元淳一，坂本淳，丸屋剛：冬期における環境配慮コンクリートの試験施工，第 69 回土木学会年次学術講演会講演概要集，V-193，pp.385-386，2014

・大脇英司，宮原茂禎，岡本礼子，荻野正貴，坂本淳，丸屋剛：環境配慮コンクリートの基本性状，大成建設技術センター報，第47号，pp.06-1〜06-6，2014

・荻野正貴，大脇英司，坂本淳，丸屋剛，岡本礼子，宮原茂禎，松元淳一：ポルトランドセメントを使用しない環境配慮コンクリートの適用事例，大成建設技術センター報，第 47 号，pp.07-1〜07-8，2014

・宮原茂禎，荻野正貴，岡本礼子，丸屋剛：高炉スラグ微粉末とカルシウム系刺激材を使用した環境配慮型コンクリートの水和反応と組織形成，コンクリート工学年次論文集，Vol.35，No.1，pp.1969-1974，2013

・岡本礼子，宮原茂禎，坂本淳，丸屋剛：高炉スラグ微粉末とカルシウム系刺激材を使用した環境配慮型コンクリートの物性について，コンクリート工学年次論文集，Vol.35，No.1，pp.1981-1986，2013

・荻野正貴，宮原茂禎，岡本礼子，坂本淳，丸屋剛：カルシウム系刺激材を用いた環境配慮型コンクリートの化学分析による最適配合の検討，第 68 回土木学会年次学術講演会講演概要集，V-290，pp.579-580，2013

・岡本礼子，宮原茂禎，荻野正貴，松元淳一，坂本淳，丸屋剛：Ca 系刺激材を用いた環境配慮型コンクリートのポンプ圧送性について，第 68 回土木学会年次学術講演会講演概要集，V-291，pp.581-582，2013

・荻野正貴，岡本礼子，宮原茂禎，大脇英司，松元淳一，坂本淳，丸屋剛：ポルトランドセメント使用量ゼロの環境配慮コンクリートの開発，大成建設技術センター報，第 46 号，pp.13-1〜13-7，2013

［解説記事等］

・大脇英司，松本淳一：環境配慮コンクリートが切り拓く低炭素・循環型社会の未来，建設機械，1 月号，pp.54-58，2018

・大脇英司：高炉スラグ微粉末を結合材とする"環境配慮コンクリート"の開発，土木学会誌，Vol.102，No.7，pp.32-33，2017

・大脇英司，中村英佑：セメントを使わない環境配慮コンクリートの開発と期待，技術士，Vol.27，pp.4-7，2017

・大脇英司，宮原茂禎，中村英佑：「環境配慮コンクリート」の設計・施工マニュアルについて，コンクリー

トテクノ，Vol.35，No.8，pp.49-54，2016

・吉岡陽：環境配慮型コンクリート，日経エコロジー，pp.68-70，2015 年 11 月号

［その他］

・大成建設株式会社，国立研究開発法人土木研究所：平成 26 年度土木学会環境賞「産業副産物である高炉スラグを極限まで結合材に使用した環境配慮コンクリートの開発」

●コンクリートライブラリー一覧●

号数：標題／発行年月／判型・ページ数／本体価格

第 1 号：コンクリートの話－吉田徳次郎先生御遺稿より－／昭.37.5 ／ B 5・48 p.

第 2 号：第 1 回異形鉄筋シンポジウム／昭.37.12 ／ B 5・97 p.

第 3 号：異形鉄筋を用いた鉄筋コンクリート構造物の設計例／昭.38.2 ／ B 5・92 p.

第 4 号：ペーストによるフライアッシュの使用に関する研究／昭.38.3 ／ B 5・22 p.

第 5 号：小丸川 PC 鉄道橋の架替え工事ならびにこれに関連して行った実験研究の報告／昭.38.3 ／ B 5・62 p.

第 6 号：鉄道橋としてのプレストレストコンクリート桁の設計方法に関する研究／昭.38.3 ／ B 5・62 p.

第 7 号：コンクリートの水密性の研究／昭.38.6 ／ B 5・35 p.

第 8 号：鉱物質微粉末がコンクリートのウォーカビリチーおよび強度におよぼす効果に関する基礎研究／昭.38.7 ／ B 5・56 p.

第 9 号：添えばりを用いるアンダーピンニング工法の研究／昭.38.7 ／ B 5・17 p.

第 10 号：構造用軽量骨材シンポジウム／昭.39.5 ／ B 5・96 p.

第 11 号：微細な空げきてん充のためのセメント注入における混和材料に関する研究／昭.39.12 ／ B 5・28 p.

第 12 号：コンクリート舗装の構造設計に関する実験的研究／昭.40.1 ／ B 5・33 p.

第 13 号：プレパックドコンクリート施工例集／昭.40.3 ／ B 5・330 p.

第 14 号：第 2 回異形鉄筋シンポジウム／昭.40.12 ／ B 5・236 p.

第 15 号：デイビダーク工法設計施工指針（案）／昭.41.7 ／ B 5・88 p.

第 16 号：単純曲げをうける鉄筋コンクリート桁およびプレストレストコンクリート桁の極限強さ設計法に関する研究／昭.42.5 ／ B 5・34 p.

第 17 号：MDC 工法設計施工指針（案）／昭.42.7 ／ B 5・93 p.

第 18 号：現場コンクリートの品質管理と品質検査／昭.43.3 ／ B 5・111 p.

第 19 号：港湾工事におけるプレパックドコンクリートの施工管理に関する基礎研究／昭.43.3 ／ B 5・38 p.

第 20 号：フライアッシュを混和したコンクリートの中性化と鉄筋の発錆に関する長期研究／昭.43.10 ／ B 5・55 p.

第 21 号：バウル・レオンハルト工法設計施工指針（案）／昭.43.12 ／ B 5・100 p.

第 22 号：レオバ工法設計施工指針（案）／昭.43.12 ／ B 5・85 p.

第 23 号：BBRV 工法設計施工指針（案）／昭.44.9 ／ B 5・134 p.

第 24 号：第 2 回構造用軽量骨材シンポジウム／昭.44.10 ／ B 5・132 p.

第 25 号：高炉セメントコンクリートの研究／昭.45.4 ／ B 5・73 p.

第 26 号：鉄道橋としての鉄筋コンクリート斜角げたの設計に関する研究／昭.45.5 ／ B 5・28 p.

第 27 号：高張力異形鉄筋の使用に関する基礎研究／昭.45.5 ／ B 5・24 p.

第 28 号：コンクリートの品質管理に関する基礎研究／昭.45.12 ／ B 5・28 p.

第 29 号：フレシネー工法設計施工指針（案）／昭.45.12 ／ B 5・123 p.

第 30 号：フープコーン工法設計施工指針（案）／昭.46.10 ／ B 5・75 p.

第 31 号：OSPA 工法設計施工指針（案）／昭.47.5 ／ B 5・107 p.

第 32 号：OBC 工法設計施工指針（案）／昭.47.5 ／ B 5・93 p.

第 33 号：VSL 工法設計施工指針（案）／昭.47.5 ／ B 5・88 p.

第 34 号：鉄筋コンクリート終局強度理論の参考／昭.47.8 ／ B 5・158 p.

第 35 号：アルミナセメントコンクリートに関するシンポジウム；付：アルミナセメントコンクリート施工指針（案）／ 昭.47.12 ／ B 5・123 p.

第 36 号：SEEE 工法設計施工指針（案）／昭.49.3 ／ B 5・100 p.

第 37 号：コンクリート標準示方書（昭和 49 年度版）改訂資料／昭.49.9 ／ B 5・117 p.

第 38 号：コンクリートの品質管理試験方法／昭.49.9 ／ B 5・96 p.

第 39 号：膨張性セメント混和材を用いたコンクリートに関するシンポジウム／昭.49.10 ／ B 5・143 p.

第 40 号：太径鉄筋 D 51 を用いる鉄筋コンクリート構造物の設計指針（案）／昭.50.6 ／ B 5・156 p.

第 41 号：鉄筋コンクリート設計法の最近の動向／昭.50.11 ／ B 5・186 p.

第 42 号：海洋コンクリート構造物設計施工指針（案）／昭和.51.12 ／ B 5・118 p.

第 43 号：太径鉄筋 D 51 を用いる鉄筋コンクリート構造物の設計指針／昭.52.8 ／ B 5・182 p.

第 44 号：プレストレストコンクリート標準示方書解説資料／昭.54.7 ／ B 5・84 p.

第 45 号：膨張コンクリート設計施工指針（案）／昭.54.12 ／ B 5・113 p.

第 46 号：無筋および鉄筋コンクリート標準示方書（昭和 55 年版）改訂資料【付・最近におけるコンクリート工学の諸問題に関する講習会テキスト】／昭.55.4 ／ B 5・83 p.

第 47 号：高強度コンクリート設計施工指針（案）／昭.55.4 ／ B 5・56 p.

第 48 号：コンクリート構造の限界状態設計法試案／昭.56.4 ／ B 5・136 p.

第 49 号：鉄筋継手指針／昭.57.2 ／ B 5・208 p. ／ 3689 円

第 50 号：鋼繊維補強コンクリート設計施工指針（案）／昭.58.3 ／ B 5・183 p.

第 51 号：流動化コンクリート施工指針（案）／昭.58.10 ／ B 5・218 p.

第 52 号：コンクリート構造の限界状態設計法指針（案）／昭.58.11 ／ B 5・369 p.

第 53 号：フライアッシュを混和したコンクリートの中性化と鉄筋の発錆に関する長期研究（第二次）／昭.59.3 ／ B 5・68 p.

第 54 号：鉄筋コンクリート構造物の設計例／昭.59.4 ／ B 5・118 p.

第 55 号：鉄筋継手指針（その 2）―鉄筋のエンクローズ溶接継手―／昭.59.10 ／ B 5・124 p. ／ 2136 円

●コンクリートライブラリー一覧●

号数：標題／発行年月／判型・ページ数／本体価格

第56号：人工軽量骨材コンクリート設計施工マニュアル／昭.60.5／B5・104p.

第57号：コンクリートのポンプ施工指針（案）／昭.60.11／B5・195p.

第58号：エポキシ樹脂塗装鉄筋を用いる鉄筋コンクリートの設計施工指針（案）／昭.61.2／B5・173p.

第59号：連続ミキサによる現場練りコンクリート施工指針（案）／昭.61.6／B5・109p.

第60号：アンダーソン工法設計施工要領（案）／昭.61.9／B5・90p.

第61号：コンクリート標準示方書（昭和61年制定）改訂資料／昭.61.10／B5・271p.

第62号：PC合成床版工法設計施工指針（案）／昭.62.3／B5・116p.

第63号：高炉スラグ微粉末を用いたコンクリートの設計施工指針（案）／昭.63.1／B5・158p.

第64号：フライアッシュを混和したコンクリートの中性化と鉄筋の発錆に関する長期研究（最終報告）／昭63.3／B5・124p.

第65号：コンクリート構造物の耐久設計指針（試案）／平.元.8／B5・73p.

※第66号：プレストレストコンクリート工法設計施工指針／平.3.3／B5・568p.／5825円

※第67号：水中不分離性コンクリート設計施工指針（案）／平.3.5／B5・192p.／2913円

第68号：コンクリートの現状と将来／平.3.3／B5・65p.

第69号：コンクリートの力学特性に関する調査研究報告／平.3.7／B5・128p.

第70号：コンクリート標準示方書（平成3年版）改訂資料およびコンクリート技術の今後の動向／平3.9／B5・316p.

第71号：太径ねじふし鉄筋D57およびD64を用いる鉄筋コンクリート構造物の設計施工指針（案）／平4.1／B5・113p.

第72号：連続繊維補強材のコンクリート構造物への適用／平.4.4／B5・145p.

第73号：鋼コンクリートサンドイッチ構造設計指針（案）／平.4.7／B5・100p.

※第74号：高性能AE減水剤を用いたコンクリートの施工指針（案）付・流動化コンクリート施工指針（改訂版）／平.5.7／B5・142p.／2427円

第75号：膨張コンクリート設計施工指針／平.5.7／B5・219p.／3981円

第76号：高炉スラグ骨材コンクリート施工指針／平.5.7／B5・66p.

第77号：鉄筋のアモルファス接合継手設計施工指針（案）／平.6.2／B5・115p.

第78号：フェロニッケルスラグ細骨材コンクリート施工指針（案）／平.6.1／B5・100p.

第79号：コンクリート技術の現状と示方書改訂の動向／平.6.7／B5・318p.

第80号：シリカフュームを用いたコンクリートの設計・施工指針（案）／平.7.10／B5・233p.

第81号：コンクリート構造物の維持管理指針（案）／平.7.10／B5・137p.

第82号：コンクリート構造物の耐久設計指針（案）／平.7.11／B5・98p.

第83号：コンクリート構造のエセティックス／平.7.11／B5・68p.

第84号：ISO 9000s とコンクリート工事に関する報告書／平7.2／B5・82p.

第85号：平成8年制定コンクリート標準示方書改訂資料／平8.2／B5・112p.

第86号：高炉スラグ微粉末を用いたコンクリートの施工指針／平8.6／B5・186p.

第87号：平成8年制定コンクリート標準示方書（耐震設計編）改訂資料／平8.7／B5・104p.

第88号：連続繊維補強材を用いたコンクリート構造物の設計・施工指針（案）／平8.9／B5・361p.

第89号：鉄筋の自動エンクローズ溶接継手設計施工指針（案）／平9.8／B5・120p.

第90号：複合構造物設計・施工指針（案）／平9.10／B5・230p.／4200円

第91号：フェロニッケルスラグ細骨材を用いたコンクリートの施工指針／平10.2／B5・124p.

第92号：銅スラグ細骨材を用いたコンクリートの施工指針／平10.2／B5・100p.／2800円

第93号：高流動コンクリート施工指針／平10.7／B5・246p.／4700円

第94号：フライアッシュを用いたコンクリートの施工指針（案）／平11.4／A4・214p.／4000円

第95号：コンクリート構造物の補強指針（案）／平11.9／A4・121p.／2800円

第96号：資源有効利用の現状と課題／平11.10／A4・160p.

第97号：鋼繊維補強鉄筋コンクリート柱部材の設計指針（案）／平11.11／A4・79p.

第98号：LNG地下タンク躯体の構造性能照査指針／平11.12／A4・197p.／5500円

第99号：平成11年版 コンクリート標準示方書［施工編］－耐久性照査型－ 改訂資料／平12.1／A4・97p.

第100号：コンクリートのポンプ施工指針［平成12年版］／平12.2／A4・226p.

※第101号：連続繊維シートを用いたコンクリート構造物の補修補強指針／平12.7／A4・313p.／5000円

第102号：トンネルコンクリート施工指針（案）／平12.7／A4・160p.／3000円

※第103号：コンクリート構造物におけるコールドジョイント問題と対策／平12.7／A4・156p.／2000円

第104号：2001年制定 コンクリート標準示方書［維持管理編］制定資料／平13.1／A4・143p.

第105号：自己充てん型高強度高耐久コンクリート構造物設計・施工指針（案）／平13.6／A4・601p.

第106号：高強度フライアッシュ人工骨材を用いたコンクリートの設計・施工指針（案）／平13.7／A4・184p.

第107号：電気化学的防食工法 設計施工指針（案）／平13.11／A4・249p.／2800円

第108号：2002年版 コンクリート標準示方書 改訂資料／平14.3／A4・214p.

第109号：コンクリートの耐久性に関する研究の現状とデータベース構築のためのフォーマットの提案／平14.12／A4・177p.

第110号：電気炉酸化スラグ骨材を用いたコンクリートの設計・施工指針（案）／平15.3／A4・110p.

※第111号：コンクリートからの微量成分溶出に関する現状と課題／平15.5／A4・92p.／1600円

※第112号：エポキシ樹脂塗装鉄筋を用いる鉄筋コンクリートの設計施工指針［改訂版］／平15.11／A4・216p.／3400円

●コンクリートライブラリー一覧●

号数：標題／発行年月／判型・ページ数／本体価格

第113号：超高強度繊維補強コンクリートの設計・施工指針（案）／平 16.9 ／ A4・167 p. ／ 2000 円

第114号：2003 年に発生した地震によるコンクリート構造物の被害分析／平 16.11 ／ A4・267 p. ／ 3400 円

第115号：（CD-ROM 写真集）2003 年，2004 年に発生した地震によるコンクリート構造物の被害／平 17.6 ／ A4・CD-ROM

第116号：土木学会コンクリート標準示方書に基づく設計計算例［桟橋上部工編］／2001 年制定コンクリート標準示方書［維持管理編］に基づくコンクリート構造物の維持管理事例集（案）／平 17.3 ／ A4・192 p.

第117号：土木学会コンクリート標準示方書に基づく設計計算例［道路橋編］／平 17.3 ／ A4・321 p. ／ 2600 円

第118号：土木学会コンクリート標準示方書に基づく設計計算例［鉄道構造物編］／平 17.3 ／ A4・248 p.

※第119号：表面保護工法　設計施工指針（案）／平 17.4 ／ A4・531 p. ／ 4000 円

第120号：電力施設解体コンクリートを用いた再生骨材コンクリートの設計施工指針（案）／平 17.6 ／ A4・248 p.

第121号：吹付けコンクリート指針（案）　トンネル編／平 17.7 ／ A4・235 p. ／ 2000 円

※第122号：吹付けコンクリート指針（案）　のり面編／平 17.7 ／ A4・215 p. ／ 2000 円

※第123号：吹付けコンクリート指針（案）　補修・補強編／平 17.7 ／ A4・273 p. ／ 2200 円

※第124号：アルカリ骨材反応対策小委員会報告書－鉄筋破断と新たなる対応－／平 17.8 ／ A4・316 p. ／ 3400 円

第125号：コンクリート構造物の環境性能照査指針（試案）／平 17.11 ／ A4・180 p.

第126号：施工性能にもとづくコンクリートの配合設計・施工指針（案）／平 19.3 ／ A4・278 p. ／ 4800 円

第127号：複数微細ひび割れ型繊維補強セメント複合材料設計・施工指針（案）／平 19.3 ／ A4・316 p. ／ 2500 円

第128号：鉄筋定着・継手指針［2007 年版］／平 19.8 ／ A4・286 p. ／ 4800 円

第129号：2007 年版　コンクリート標準示方書　改訂資料／平 20.3 ／ A4・207 p.

※第130号：ステンレス鉄筋を用いるコンクリート構造物の設計施工指針（案）／平 20.9 ／ A4・79 p. ／ 1700 円

※第131号：古代ローマコンクリート－ソンマ・ヴェスヴィアーナ遺跡から発掘されたコンクリートの調査と分析－／平 21.4 ／ A4・148 p. ／ 3600 円

第132号：循環型社会に適合したフライアッシュコンクリートの最新利用技術－利用拡大に向けた設計施工指針試案－／平 21.12 ／ A4・383 p. ／ 4000 円

第133号：エポキシ樹脂を用いた高機能 PC 鋼材を使用するプレストレストコンクリート設計施工指針（案）／平 22.8 ／ A4・272 p. ／ 3000 円

第134号：コンクリート構造物の補修・解体・再利用における CO_2 削減を目指して－補修における環境配慮および解体コンクリートの CO_2 固定化－／平 24.5 ／ A4・115 p. ／ 2500 円

※第135号：コンクリートのポンプ施工指針　2012 年版／平 24.6 ／ A4・247 p. ／ 3400 円

※第136号：高流動コンクリートの配合設計・施工指針　2012 年版／平 24.6 ／ A4・275 p. ／ 4600 円

※第137号：けい酸塩系表面含浸工法の設計施工指針（案）／平 24.7 ／ A4・220 p. ／ 3800 円

第138号：2012 年制定　コンクリート標準示方書改訂資料－基本原則編・設計編・施工編－／平 25.3 ／ A4・573 p. ／ 5000 円

第139号：2013 年制定　コンクリート標準示方書改訂資料－維持管理編・ダムコンクリート編－／平 25.10 ／ A4・132 p. ／ 3000 円

第140号：津波による橋梁構造物に及ぼす波力の評価に関する調査研究委員会報告書／平 25.11 ／ A4・293 p. ＋ CD-ROM ／ 3400 円

第141号：コンクリートのあと施工アンカー工法の設計・施工指針（案）／平 26.3 ／ A4・135 p. ／ 2800 円

第142号：災害廃棄物の処分と有効利用－東日本大震災の記録と教訓－／平 26.5 ／ A4・232 p. ／ 3000 円

第143号：トンネル構造物のコンクリートに対する耐火工設計施工指針（案）／平 26.6 ／ A4・108 p. ／ 2800 円

※第144号：汚染水貯蔵用 PC タンクの適用を目指して／平 28.5 ／ A4・228 p. ／ 4500 円

※第145号：施工性能にもとづくコンクリートの配合設計・施工指針［2016 年版］／平 28.6 ／ A4・338 p.＋DVD-ROM ／ 5000 円

※第146号：フェロニッケルスラグ骨材を用いたコンクリートの設計施工指針／平 28.7 ／ A4・216 p. ／ 2000 円

※第147号：銅スラグ細骨材を用いたコンクリートの設計施工指針／平 28.7 ／ A4・188 p. ／ 1900 円

※第148号：コンクリート構造物における品質を確保した生産性向上に関する提案／平 28.12 ／ A4・436 p. ／ 3400 円

※第149号：2017 年制定　コンクリート標準示方書改訂資料－設計編・施工編－／平 30.3 ／ A4・336 p. ／ 3400 円

※第150号：セメント系材料を用いたコンクリート構造物の補修・補強指針／平 30.6 ／ A4・288 p. ／ 2600 円

※第151号：高炉スラグ微粉末を用いたコンクリートの設計・施工指針／平 30.9 ／ A4・236 p. ／ 3000 円

※第152号：混和材を大量に使用したコンクリート構造物の設計・施工指針（案）／平 30.9 ／ A4・160 p. ／ 2700 円

※第153号：2018 年制定　コンクリート標準示方書改訂資料－維持管理編・規準編－／平 30.10 ／ A4・250 p. ／ 3000 円

第154号：亜鉛めっき鉄筋を用いるコンクリート構造物の設計・施工指針（案）／平 31.3 ／ A4・167 p. ／ 5000 円

※第155号：高炉スラグ細骨材を用いたプレキャストコンクリート製品の設計・製造・施工指針（案）／平 31.3 ／ A4・310 p. ／ 2200 円

※第156号：鉄筋定着・継手指針〔2020 年版〕／令 2.3 ／ A4・283 p. ／ 3200 円

※第157号：電気化学的防食工法指針／令 2.9 ／ A4・223 p. ／ 3600 円

※第158号：プレキャストコンクリートを用いた構造物の構造計画・設計・製造・施工・維持管理指針（案）／令 3.3 ／ A4・271 p. ／ 5400 円

※第159号：石炭灰混合材料を地盤・土構造物に利用するための技術指針（案）／令 3.3 ／ A4・131 p. ／ 2700 円

※第160号：コンクリートのあと施工アンカー工法の設計・施工・維持管理指針（案）／令 4.1 ／ A4・234 p. ／ 4500 円

※は土木学会にて販売中です．価格には別途消費税が加算されます．

定価（本体 2,700 円＋税）

コンクリートライブラリー152
混和材を大量に使用したコンクリート構造物の設計・施工指針（案）

平成 30 年 9 月 5 日　　第 1 版・第 1 刷発行
令和 元年 6 月 5 日　　第 1 版・第 2 刷発行
令和 4 年 11月11日　　第 1 版・第 3 刷発行

編集者……公益社団法人　土木学会　コンクリート委員会
　　　　　混和材を大量に使用したコンクリート構造物の設計・施工研究小委員会
　　　　　委員長　石田　哲也
発行者……公益社団法人　土木学会　専務理事　塚田　幸広

発行所……公益社団法人　土木学会
　　　　　〒160-0004　東京都新宿区四谷 1 丁目（外濠公園内）
　　　　　TEL　03-3355-3444　FAX　03-5379-2769
　　　　　http://www.jsce.or.jp/
発売所……丸善出版株式会社
　　　　　〒101-0051　東京都千代田区神田神保町 2-17　神田神保町ビル
　　　　　TEL　03-3512-3256　FAX　03-3512-3270

©JSCE2018／Concrete Committee
ISBN978-4-8106-0935-6
印刷・製本・用紙：名鉄局印刷（株）

・本書の内容を複写または転載する場合には、必ず土木学会の許可を得てください。
・本書の内容に関するご質問は、E-mail（pub@jsce.or.jp）にてご連絡ください。